U0276163

亚洲鸟类

BIRDS OF ASIA

〔英〕约翰·古尔德 著
宋龙艺 译

北京理工大学出版社
BEIJING INSTITUTE OF TECHNOLOGY PRESS

自然界的运作遵循着一定的法则，
这是毫无疑问的，
我相信没有人敢去质疑这一点。
因此我们知道生活在沙漠中的鸟儿拥有着沙土一样的外表；
而羽毛灿烂美丽的鸟儿和颜色鲜艳的热带昆虫，
都被同样美丽的花儿和植物围绕着；
洁白无瑕的松鸡是白雪皑皑的高山居民。
但是我们也不难发现，在这些固定的法则之外还总是有一些例外，
我们偶尔也会发现羽毛鲜艳的鸟儿栖息在海拔如此之高，
以至于永远覆盖着积雪的地方。

——约翰·古尔德

《亚洲鸟类》导读

这本书能教给你观察的能力和对自然的热爱

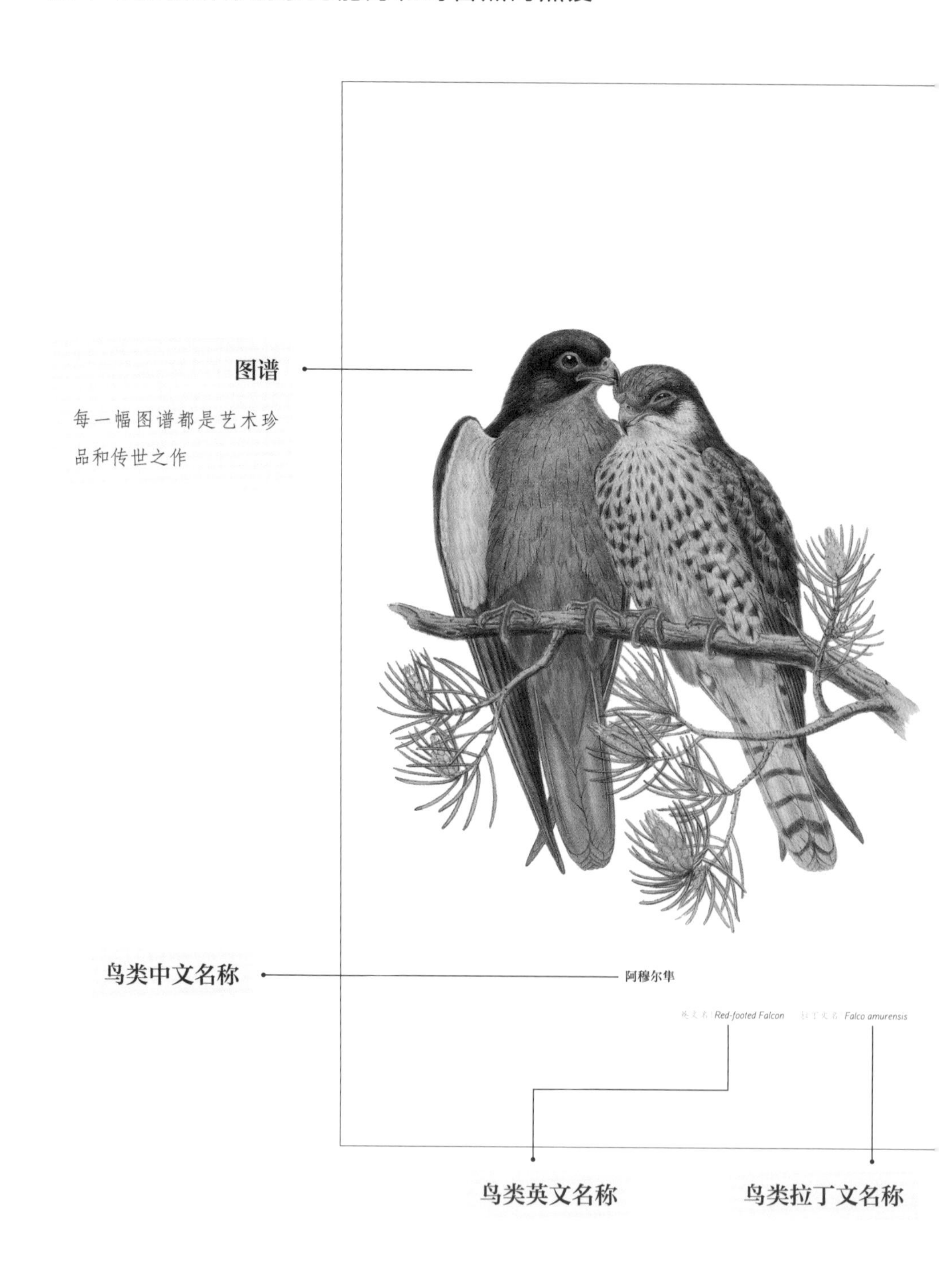

阿穆尔隼

猛禽／隼形目／隼科／隼属

阿穆尔隼与欧洲东部和南部的红脚隼有十分密切的亲缘关系，而它们的主要分布地则在西西伯利亚地区和中国。施伦克博士敏感地注意到了他在黑龙江地区和欧洲地区捕获的这些鸟儿之间的差异，但是没有能明确地将它们区分开。在我看来，东方的这种鸟儿与欧洲的红脚隼（该物种也是西西伯利亚地区的一个物种，但是在贝加尔湖东岸逐渐消失）有明显的区别，前者的翅下覆羽为白色，而且雌鸟的羽毛明显与雄鸟不同，与燕隼幼鸟外形不无相似之处。

除了上文中提到的栖息地外，戴伯斯基博士还从贝加尔山脉和额尔古纳河上寄来了阿穆尔隼样本。据大卫神父说，这种鸟儿不会出现在中国南部，而是在每年的4月份来到中国北部的平原和蒙古地区，雌鸟和雄鸟通常各自成群，浩浩荡荡地飞来。这种鸟儿十分喜欢亲近人类，它们常常栖息在人类居住地周围的大树上，有时甚至会占据村庄中央的树木，喜鹊和乌鸦废弃的巢穴常常会被它们利用起来。大卫神父还说，阿穆尔隼的性情十分友好而讨人喜欢，温和而好交际。不仅如此，它们的食物也仅仅包括昆虫和小爬行动物，因此中国人并不讨厌这种鸟类，不会干扰它们的生活。阿尔穆隼尤其喜欢空旷的乡村，从来不会在山间或岩石上筑巢。在北京周边平原上的所有村庄附近都能看到这些鸟儿，从清晨直到日暮都能看到它们的身影，它们或是静悄悄地掠过低空，或是优雅地划破长空。到了秋季，这些鸟儿再度集结起来，启程向西南方飞去。幼鸟总是最后离开这个国家。

斯温霍先生对栖息在烟台的阿穆尔隼做过一篇有趣的描写。这些鸟儿在喜鹊的巢穴中繁殖，但是他没能成功地取得鸟卵。他还陈述说，阿穆尔隼的食物不仅包括昆虫，还包括小型鸟类。人类还训练阿穆尔隼，用它们来捕捉小型鸟类。

插图是参照亨利·西博姆先生借与我的样本绘制的，其中包括一只成年雄鸟和一只雌鸟。

观察笔记

每一篇观察笔记都极其详尽，是鸟类学著述的典范之作

鸟类的生态类群

分为猛禽、攀禽、鸣禽、陆禽、涉禽和游禽6大类群

鸟类的目、科、属分类

正文部分

国内首次中文迻译，对学习鸟类知识和自然观察有着极大裨益

亚洲鸟类

目录

CONTENTS

卷四 鸣禽（Ⅲ）

卷五 鸣禽（Ⅳ）

卷六　攀禽和陆禽

卷七　陆禽、涉禽和游禽

前 言

已故的古尔德先生在去世前不久曾向我诉说了他的愿望。他将自己在离世前不能完成的作品托付给了我。我依照他的心愿，完成了《亚洲鸟类》一书剩下的编写工作。

理查德·鲍德尔·夏普

1883年8月

序 言

在过去的30年里，我们一直试图简洁地描绘出亚洲鸟类史的全貌。但这件事对我们来说并不容易。不过许多优秀的鸟类学家为我们铺平了道路。他们致力于东方鸟类的研究，带我们回到了1850年。那时古尔德先生刚刚开始编写当前这部关于亚洲鸟类的著作。1850年，鸟类学的黄金时代才刚刚开始，《鹮——国际鸟类学期刊》(*Ibis*)还没有开始发行，策划和发行一本完全关注于印度鸟类学的杂志这样的事甚至是连做梦也想不到的。

古尔德先生出版了他的插图作品《一百种喜马拉雅山脉鸟类》(*A Century of Birds from the Himalaya Mountains*)。然而，就在人们认为绘制出100种印度喜马拉雅地区的物种是一件很重要的事这一天之后，我们对喜马拉雅山脉地区鸟类的认识又发生了巨大的改变——这还要归功于霍奇森先生的努力。他是驻尼泊尔的英国公使，早在1836年便开始发表文章。他的文章引起了自然学家们对那些栖息在尼泊尔山岭地区有趣动物的兴趣。1843—1845年间，霍奇森先生将他规模庞大的标本收藏，连同整套由当地画家绘制的绘画手稿一起赠与了英国博物馆。这些画作的准确性和栩栩如生的细节都让人十分惊叹。1844年，霍奇森先生为格雷先生《动物学杂集》中的尼泊尔鸟类做了完整的目录，其中包括上述提到的画作中的物种，也包括他收藏的丰富物种。1849年，他再次将自己收集的动物标本赠送给了英国博物馆，同时也将自己的许多收藏慷慨地赠与了其他国家的博物馆。布莱斯先生(Edward Blyth)在《目录》中就曾提到霍奇森先生对加尔各答博物馆的慷慨捐赠。在回到印度时，他又将后来的收藏赠与了印度的博物馆；而在结束这一段定居时，他再度于1859年将大量标本赠与英国博物馆。1846年和1863年，英国博物馆曾两度将霍奇森先生的捐赠目录公布于众。

在开始写作《亚洲鸟类》之初，古尔德先生和大多数自然学家一样，根据政治上的边界线来划分这一大陆。我们必须要知道，在那些日子里，斯克莱特博士还没有发表他革命性的鸟类学研究理论，地球还没有被按照自然的生物地理区域来划分，华莱士先生也还没有向我们指出印度—马来半岛(东洋区)和澳洲—马来半岛(澳大拉西亚区)的分界线，而地中海—波斯湾这一亚区域也还没有被鸟类学家们接受。

因此我们需要知道，已故的古尔德先生开始他的工作时，他面对的是一片十分广大的区域。因此33年的时间还不足以完成全部工作的1/4，这就毫不奇怪了。《亚洲鸟类》描绘了巴勒斯坦以东、摩鹿加群岛以西地区的物种。显然鸟类学家在一年里发现的新物种要比古尔德先生每年在《亚洲鸟类》中发表的鸟类多得多。然而，每当本书的作者迅速地扫视一眼亚洲这片大陆包括的众多国家，估算自他开始这项庞大的工作以后人们对这一地区了解的增长，他一定不会觉得无趣。

在此我们必须要提到的还有安德森博士第二次去云南时就动物学收获所写的著作。遗憾的是，这次旅行最远只到了云南省的边境。尽管逗留的时间短暂，安德森博士还是做了很多有趣的观察，他途经缅甸时同样也有不少收获。巴黎博物馆中有许多精致的越南南部的鸟类标本；针对这一地区的鸟类，迪罗德(Tiraud)博士也出版过一本很有用的鸟类目录。

提起中国的鸟类，已故的领事斯温霍(Swinhoe)先生所做的杰出贡献一定不能被忽视。他笔下的许多文章都发表在了《鹮——国际鸟类学期刊》(*Ibis*)上；1863年和1871年的《动物学会学报》还发布了两个完整的中国鸟类目录。然而，

1877年大卫神父和乌斯塔莱博士(Doctor Oustalet)出版了一本极为完善的中国鸟类书籍《中国鸟类》,这本书不仅包含了斯温霍先生的发现,同时也涵盖了大卫神父在中国以及普杰瓦尔斯基博士(Dr. Prjewalsky)在蒙古和中国西藏地区的发现。普杰瓦尔斯基博士所做的完整的鸟类学观察也被从俄语翻译了过来,发表在了已故的道森·罗利先生的《鸟类学杂集》中。

我们不得不承认,现在要尝试这样一项工作要远远容易得多,不过在广袤的印度土地上每年仍然有许多物种被发现,不断加深我们对亚洲鸟类的认识。如今,我们似乎又到了一段沉寂的时期,就像霍斯菲尔德先生和摩尔先生出版了《目录》以及杰顿先生出版了《印度鸟类》之后出现的沉寂一样。让我们期待在本书出版以后这一地区的鸟类学研究依然活跃吧——休姆先生帮助我们了解了许多印度鸟类,他一定不会停下手中的笔;戈德温-奥斯汀上校在结束了关于软体动物的重要工作后,也会为我们写作孟加拉东北部鸟类的相关目录;沃德洛·拉姆塞先生也会发表特维德(Tweeddale)收藏目录;布兰福德先生从印度退休之后,也不会放弃向公众介绍地球上的这一部分地区的动物。

理查德·鲍德尔·夏普

BIRDS OF ASIA

VOLUME I

RAPTORES & SCANSORES

卷 一

猛禽和攀禽

黑兀鹫

英文名 | *Black Vulture*　　拉丁文名 | *Sarcogyps calvus*

黑兀鹫

猛禽／鹰形目／鹰科／黑兀鹫属

黑兀鹫是一种真正的印度物种，因为这一物种栖息在印度半岛上的每一个地区；但是黑兀鹫并不像同属的其他鸟类那样喜欢群居，也不会大群地出现在人们的视野中。

亚当斯博士说："在孟加拉、德干半岛和喜马拉雅山脉下部地区人们都发现了黑兀鹫，但是它们并不会深入到这些山脉的内部地区。黑兀鹫头颈部的皮肤呈红色，因此很容易就可以和其他的兀鹫区分开。在体型方面，黑兀鹫要比拟兀鹫小一些，身长大约76.2厘米。"

伯吉斯先生在1854年对黑兀鹫所做的描述弥足珍贵："根据我有幸得到的观察结果，在德干半岛上，黑兀鹫要比身材较大的印度兀鹫和相对小一些的拟兀鹫更为常见。然而，从来没有两三只以上的黑兀鹫一起出现在我的视野中，它们在横贯整个地区的喜马拉雅山脉下部分散栖息着。鉴于关于黑兀鹫已经有很多细致的描绘，在这里我就不重复描绘了，而是加大篇幅陈述我对它们的生活习性、食物、特征和筑巢时间的观察以及我从实际调查或可信的来源那里获得的其他信息。在生活习性方面，我可以肯定地说，这种兀鹫不喜欢群居，我从来没有看到过四五只以上的黑兀鹫一起出现，偶有四五只一起出现时，也仅仅是为了分享一顿大餐。"

当它们盘旋飞行时，黑兀鹫的翅膀稳稳地伸展着，翅尖向上竖起，双腿在尾羽下伸直。

它们以腐烂的动物组织为食。我曾经捕射过一只在溪边饮水的黑兀鹫，它吐出了一条完整的猫腿。黑兀鹫在2—3月份繁殖。我曾经将观察结果及时地记录如下：

"3月7日，今天在一棵十分低矮的菩提树(一种榕属物种)树冠上发现了一个黑兀鹫的巢穴，一只成年黑兀鹫正在其中孵卵。这个巢穴尺寸极大，是用小树枝建成的，里面有一枚卵。在同一棵树上，一对黑头白鹮也筑好了它们的鸟巢。

“3月19日，我捕射了一只正在坐窝的雄性黑兀鹫。这个巢穴建在一棵荆棘树的树冠上，巢穴周长大约有91.44厘米，筑巢材料是荆棘树树枝和其他的小树枝。在这些荆棘枝条间还有两个巢穴，它们属于雀形目的鸟类，巢穴中可以看见幼鸟。在这个黑兀鹫巢穴中也只有一枚卵，卵为纯白色。在第三个这样的巢穴中，我也仅仅发现了一枚卵。当地人说，这种鸟儿会产两枚卵，孵化出的幼鸟一只是雄性，另一只是雌性，但是我观察到的情况显然与这样的说法不相符。”

我要在此感谢古恩赛先生允许我使用沃尔夫先生为他所画的这幅黑兀鹫做插图，他的画作是参照一只精美的黑兀鹫活样本进行的。

游隼南方亚种

英文名 | *Shaheen Falcon*　　拉丁文名 | *Falco peregrinus peregrinator*

游隼南方亚种

猛禽 / 隼形目 / 隼科 / 隼属

遗憾的是我没有在游隼生活的地区亲自观察过它们，在此我就姑且摘录杰顿先生在他的《印度鸟类学图解》中关于这一物种生活习性和特点的最有趣的记述：

“游隼南方亚种似乎分布在从喜马拉雅山脉到该半岛最南端的整个印度地区。在印度以外的地区，我们还不清楚这一物种的生存情况，但是在这个国家已出版的一些训鹰术书籍中我读到了游隼南方亚种的波斯语、土耳其语和阿拉伯语名称，因此我想它们或许也会出现在亚洲的其他地区。尽管游隼南方亚种远远算不上常见，但是我有幸几次在野外观察到它们。然而在当地的放鹰人中，这种鸟类十分有名，因为自古以来他们就很熟悉它们的繁殖地点和最喜欢的觅食地。我自己在特拉凡科南部和马拉巴尔海岸上捕获过这种鸟儿，也在高止山脉北部等地区看到过这种鸟类和它的巢穴。

“这种游隼常常盘旋在丛林地区高耸多岩石的山丘。虽然在低洼的地区或高山地区都能看到它们，不过它们总是更喜欢停留在高山地区。在几乎看不到森林的卡那提克地区这一物种较为少见，然而在繁殖季节过后，一些游隼南方亚种(主要是幼鸟)也会来到这里。它们会在高止山脉东部地区的许多地方繁殖。野生游隼的生活习性与它们常常到访的地区有一些关系。生活在森林中的游隼常常会栖在沼泽地边缘的某棵高大树木上聚精会神地观察，或者在林间空地上空盘旋，随时准备扑向某只倒霉的小鸟。在更空旷一些的地区，它们则要绕大圈盘旋搜索，因此会花更多的时间飞翔。这种游隼会消灭掉许多猎物，比如松鸡和鹑鸟等，而且据说它们格外喜欢长尾小鹦鹉。在马拉巴尔海岸上，一只游隼扑向一群从林间空地上经过的亚历山大鹦鹉，并捉走了其中的一只。我的一声枪响迫使它将这只鸟儿丢了下来，于是我获得了第一只这种珍稀的亚历山大鹦鹉。这一事实自然佐证了前文中的说法。最近我的一只游隼在捕捉一只松鸡失败后，在高空中瞄准了几只长尾鹦鹉并且追了上去，但是仍然没有成功。在特拉凡科，一只游隼被我捕射时正忙着吞食它捕获的一只夜鹰。

“游隼南方亚种在人类难以到达的陡峭崖壁上繁殖。它们在3—4月份产卵，幼鸟在5—6月份学会飞翔，放鹰人往往在这几个月可以捕捉到这种鸟儿。

“东部的游隼十分受当地人的重视，因为它们被认为是所有猎鹰中最一流的猎手。尽管用猎鹰来捕猎的活动目前在印度处于衰退的状态，然而在印度半岛上每年仍有大量的游隼被捕获并送去出售。因为在驯鹰捕猎这种贵族活动仍然流行的地方，这些鸟儿可以卖出很不错的价钱。人们通常在一根大约等于猎鹰翅展长度的细藤条末端涂好粘鸟胶，并将一只活禽系在中央。在游隼出现的时候，眼睛被缝合的鸟儿被释放高飞，这时候游隼扑向它，并且试图带着它飞走。当这只游隼拍动的翅膀接触藤条两端时就会被粘住，然后落回到地面上。在这种情况下，被用作诱饵的鸟儿往往是粉头斑鸠或火斑鸠。

“在驯鹰术的训练中，游隼总是被训练在放鹰人和同伴们的上空高高地盘旋，直到将猎物惊起来。当猎物出现在视野中后，游隼就会以惊人的速度猛扑上去。事实上，当这只鸟儿在放鹰人头上的空中绕大圈盘旋，在猎物惊起的一瞬间从远处扑上去时，这场景看起来十分美丽。一旦游隼观察到猎物，它就会朝着猎物的方向做2~3次攀升，接着就半收拢起翅膀倾斜着如利箭一般冲向可怜的猎物。这显然是一种十分有力且有效的捕猎方式。”

插图中展示的是雄性和雌性游隼，同样是由充满创造力的沃尔夫先生所绘制。图中的雄鸟还未完全长成。

猎隼

英文名 | *Saker Falcon*　　拉丁文名 | *Falco cherrug*

猎隼

猛禽／隼形目／隼科／隼属

没有哪一种我熟悉的隼属鸟类能比猎隼拥有更多让人迷惑的名字。它们以“Saker”的名字被现在的大多数鸟类学家们所熟知。在各种著作和文献中，猎隼被赋予了各种各样的名称，一些名称甚至并不符合这种鸟类的特点。我或许可以说猎隼完全没有游隼、矛隼和它们其他的近亲那么英勇，因此在放鹰人中间猎隼也没有得到同样的重视。我的朋友施莱格尔教授在他优秀的作品中十分清晰地讲述了这一点以及猎隼的其他品质，因此我在这里必须要建议那些对训鹰术感兴趣的读者多多地参考这本书。而我在本文中仅仅借鉴了那些圈养过这种鸟儿的人所做的描述，简单地讲述一下这一物种的生活习性和分布状况。

猎隼虽与印度猎隼有密切的亲缘关系，但是身量却要大得多。然而在生活习性、性情和身体构造方面，这两个物种仍然十分相似。在欧洲东南部、小亚细亚和居间的国家甚至阿富汗，在适合猎隼生活的环境中或许都能发现一些这样的鸟儿。在保加利亚低洼、平坦的土地上繁殖着大量的猎隼，毫无疑问在小亚细亚和伊朗北部的沙漠上也能发现这种鸟儿。在崔斯特瑞姆先生的《巴勒斯坦鸟类学笔记》中，这位先生写道：“我仅仅在巴珊的橡树林中观察到过一次这种绝美的隼类。我观察到它时，它正栖坐在我一旁的大树上。相比约旦河谷的悬崖峭壁，它似乎更喜欢广阔的平原和沙漠。猎人们几乎每人都拥有几只这样的鸟儿，将它们驯化好之后来追捕小羚羊。所有的阿拉伯人都熟知这一物种与地中海隼的区别。”

泰勒先生说：“这种非常帅气的隼类在埃及似乎很罕见，因为除了获得过一只精美的雌性样本外，我再没有看到过一只哪怕死去的猎隼，也没有听说谁在埃及见过猎隼。这只成年猎隼样本的腿部和足部是黄色的，而不是有些书中所描绘的蓝色。”

在《印度鸟类》第三卷卷末的附录中，杰顿博士说道：“这是种罕见的欧洲鸟儿，从前的作者笔下的猎隼在从哈扎拉人生活的地方到旁遮普地区数量都比较丰富，许多猎隼被用来捕猎印度波斑鸨、野兔等。”

施莱格尔教授评论说：“人们常常将这一物种与相近的其他物种相混淆。这种鸟儿生活在欧洲东部和亚洲西部地区，已故的纳托尔先生曾在匈牙利捕射过几只猎隼。荷兰放鹰人莫伦告诉我们，在奥地利的时候，他获得过几只猎隼幼鸟，它们是在5月中旬从这个国家边境上的一个巢穴中被取回来的。猎隼巢穴中常常会有两三只幼鸟在成熟前就离开巢穴，并追随着它们的母亲四处飞翔，发出大声地鸣叫。”

插图中展示了一只雌鸟，远景中是一只幼鸟。

地中海隼

英文名 | *Lanner Falcon*　　拉丁文名 | *Falco biarmicus*

地中海隼

猛禽／隼形目／隼科／隼属

在描述猎隼时我提到了它拥有众多令人迷惑的名字，其实对于所有现在的欧洲鸟类学家们都称之为“Falco lanarius”的地中海隼来说，情况也很相似。在各种著作和文献中，地中海隼也拥有形形色色的名字。这种鸟类的故乡是北非，而它们的分布地则从这片大陆的摩洛哥到埃及，一直向东延伸到了巴勒斯坦、小亚细亚和伊朗。根据已故的瓦因先生在给我的笔记中所陈述的，地中海隼也会出现在旁遮普。这种鸟儿具备如此强大的飞行能力，若不会偶尔到访其他的国家就不合常理了。而且我们发现这种鸟儿不仅仅时常到访西班牙，而且据记载也会出现在希腊和其他的欧洲国家，在英格兰也至少有一只地中海隼被捕射。

我有幸观察到过一些活着的隼属鸟类，但是只有地中海隼是最美丽和温顺的。我的插图是参照一只栖坐在我胳膊上的活样本仔细地绘制的，对于绘制它自己的形象，这只鸟儿的兴趣和好奇丝毫不比画工少一点。这只精美的样本现在(1868年3月)正养在摄政公园伦敦学会的鸟舍中。

比起语言文字带来的准确的描述，看猎隼和地中海隼的插图更能对这两种鸟儿的差异有直观的了解。与猎隼一样，在放鹰人眼中，地中海隼的飞行能力不如游隼等鸟类强大，并且我相信这种鸟儿也要胆小和温顺一些。事实上，这两种沙漠隼类属于一个不同的类型，与游隼有不一样的生活方式，但是同样有着自己擅长的本领，比如捕猎小型的四足动物以及鸟类，而这样的事情是游隼及其他的同类们永远做不到的。

鸟类学家们和一些旅行者们都对这一优雅的物种做过记录，现在我就来摘录一些他们的文字。我从来不会犹豫去向有经验的人学习，因为不断地推进科学和真理的发展是我一贯的目标。

崔斯特瑞姆先生说：“到目前为止，巴勒斯坦最常见的大型隼类就是地中海隼。它们通常出现在约旦河两岸和死海，甚至最远至赫蒙山山脚下的多岩石地区。地中海隼在这里是一种留鸟，据说它们每年都会使用同一个巢穴孵卵育雏。2月29日，有人从杰利科附近捡回了一个盛有四枚鸟卵的地中海隼巢穴；4月份，在革尼撒勒地区附近也有四五处地中海隼的繁殖地被发现。对于这种高贵的鸟儿来说，什么样的地方都不算太荒凉沉寂。曾有一只地中海隼在枪声下将一只潜鸭丢在了面朝死海的马察达陡峭的岩石上。我们还在死海南部的盐柱山看到过一对这样的鸟儿。地中海隼似乎不会出现在森林地区，因为尽管在约旦东部的山涧河谷附近这一物种十分常见，但是我们从来没有在基列和阿杰隆的森林中观察到过它们。贝都因人赞赏地中海隼，认为它们擅长追逐；在北非地区，人们也认为经过训练的地中海隼非常宝贵。不过尽管我们常常在高级别的阿拉伯酋长的收藏中看到它们，但是从来没有机会亲身经历这样的捕猎活动，见到的都是一些飞行中的地中海隼。"

霍克肖先生告诉我，1865年3月19日，在基尔加，他"看见了一只地中海隼正在水滨的沙洲上咬食一只家鸽。在我靠近时，它带着猎物飞了起来，沿着尼罗河逆流而上飞了400多米；在第二次被打扰后，它又带着鸽子飞到了河流中央的泥滩上。第二天，我看见在基尔加对面的尼罗河河滨的礁石上有一对地中海隼，一只渡鸦飞来追逐其中一只地中海隼，并将它驱赶到了一个岩石山谷上。当雄鸟在悬崖峭壁附近翱翔时，我将它捕射了。"

施莱格尔教授评论说："许多放鹰人在他们的记录中都提到了这一物种，因此过去似乎有大量的地中海隼被放鹰人捕捉了去。"

阿穆尔隼

英文名 | *Red-footed Falcon*　　拉丁文名 | *Falco amurensis*

阿穆尔隼

猛禽／隼形目／隼科／隼属

阿穆尔隼与欧洲东部和南部的红脚隼有十分密切的亲缘关系，而它们的主要分布地则在西西伯利亚地区和中国。施伦克博士敏感地注意到了他在黑龙江地区和欧洲地区捕获的这些鸟儿之间的差异，但是没有能明确地将它们区分开。在我看来，东方的这种鸟儿与欧洲的红脚隼（该物种也是西西伯利亚地区的一个物种，但是在贝加尔湖东岸逐渐消失）有明显的区别，前者的翅下覆羽为白色，而且雌鸟的羽毛明显与雄鸟不同，与燕隼幼鸟外形不无相似之处。

除了上文中提到的栖息地外，戴伯斯基博士还从贝加尔山脉和额尔古纳河上寄来了阿穆尔隼样本。据大卫神父说，这种鸟儿不会出现在中国南部，而是在每年的4月份来到中国北部的平原和蒙古地区，雌鸟和雄鸟通常各自成群，浩浩荡荡地飞来。这种鸟儿十分喜欢亲近人类，它们常常栖息在人类居住地周围的大树上，有时甚至会占据村庄中央的树木，喜鹊和乌鸦废弃的巢穴常常会被它们利用起来。大卫神父还说，阿穆尔隼的性情十分友好而讨人喜欢，温和而好交际。不仅如此，它们的食物也仅仅包括昆虫和小爬行动物，因此中国人并不讨厌这种鸟类，不会干扰它们的生活。阿尔穆隼尤其喜欢空旷的乡村，从来不会在山间或岩石上筑巢。在北京周边平原上的所有村庄附近都能看到这些鸟儿，从清晨直到日暮都能看到它们的身影，它们或是静悄悄地掠过低空，或是优雅地划破长空。到了秋季，这些鸟儿再度集结起来，启程向西南方飞去。幼鸟总是最后离开这个国家。

斯温霍先生对栖息在烟台的阿穆尔隼做过一篇有趣的描写。这些鸟儿在喜鹊的巢穴中繁殖，但是他没能成功地取得鸟卵。他还陈述说，阿穆尔隼的食物不仅包括昆虫，还包括小型鸟类。人类还训练阿穆尔隼，用它们来捕捉小型鸟类。

插图是参照亨利·西博姆先生借与我的样本绘制的，其中包括一只成年雄鸟和一只雌鸟。

苏拉蛇雕

英文名 | *Sulawesi Serpent-eagle*　　拉丁文名 | *Spilornis rufipectus*

苏拉蛇雕

猛禽/鹰形目/鹰科/蛇雕属

在这一特征明显的鹰形目同属鸟类中，我们目前熟悉的至少有3～4个物种，它们的习性和生活方式看起来极为古怪，而且它们的身体构造似乎专门适用于捕食蛇和蜥蜴，至少普通的印度蛇雕就专门以这一类的食物为食。另外还有一种相似模样的鸟类（菲律宾蛇雕）栖息在马尼拉。一些著名的蛇雕还会常常飞到爪哇岛和苏门答腊岛，而苏拉蛇雕栖息在更远的南方地区，它们是同属中最小的物种。华莱士先生在望加锡地区捕获了苏拉蛇雕，并从苏拉威西岛寄来给我。

在将苏拉蛇雕定义为一种新物种之前，我咨询了格尼先生是否应该这样做以及该给予它怎样一个具体的名称，他十分肯定地说苏拉蛇雕与任何一种已知的物种都不相同，并且说我这样做是正确的。

完全成熟的苏拉蛇雕雌鸟和雄鸟在羽毛颜色方面可能只有很小的差异或几乎没有差异。另外，如插图中所示，幼年苏拉蛇雕身上会发生明显的变化。我要感谢格尼先生的善良和慷慨，他将沃尔夫先生为他准备的这一物种的美丽图画摹本赠予我，我才得以丰富了这部作品。

苏拉蛇雕头冠部和枕骨羽毛为深黑色，枕骨羽毛端部为红褐色；颈背部羽毛为黑色，边缘为明显的红褐色；上体表和翅膀上的羽毛为深巧克力棕色，边缘颜色更浅；颌部以及颈两侧为灰黑色；胸部为深肉桂棕色；主翼羽和副翼羽的内羽片上有白色的斑块；下覆羽、腹部、肛门、大腿部位和下尾羽覆羽为肉桂棕色，有两个较大的白色斑点组成的横斑，上下部均有狭窄的黑色斑纹；尾羽为深棕色，基部附近有一条狭窄但不十分清晰的灰色斑纹，端部有宽阔的浅色条纹，在内羽片周围渐变为白色，端部边缘有狭窄的浅红棕色和白色斑纹；鸟喙为深棕色；蜡膜、裸露的眼周、腿部和足部为黄色。

马来鹰雕

英文名 | *Blyth's Hawk-eagle*　　拉丁文名 | *Spizaetus alboniger*

马来鹰雕

猛禽／鹰形目／鹰科／鹰雕属

在鹰形目的所有鸟类中，鹰雕属鸟类的生活习性和身材结构对我们来说最为陌生，该属中不同物种的名称也还没有完全与其外形对应起来，因此我必须寻求格尼先生的帮助。他十分热情地帮助了我。我觉得有必要将这篇作品与我对鹰雕的论述一同出版，这样做才对得起格尼先生付出的精力和热情。同时我也必须要感谢他允许我使用沃尔夫先生所画的精彩绘图，其中包括一只成年和一只幼年鹰雕的画像。

以下是格尼先生的观察记录：

“马来鹰雕这一十分不寻常的物种是目前我们熟悉的所有亚洲鹰雕中身量最小的一种。布莱斯先生在《孟加拉亚洲学会》期刊第14卷第173页中首次对这一物种做了如下描述：‘马来鹰雕比来自印度的鸟儿身材要小，体长54.6厘米，翅膀为33厘米，尾羽长24.1厘米，跗跖骨长7.6厘米，枕骨嵴为8.3厘米。成年鸟：上体表为黑色，有紫色的光泽；大翼羽为褐色，有清晰的黑色斑纹；尾羽为黑色，从基部开始的第三个1/4大小的部分有一条宽阔的浅灰棕色斑纹；每条较长的上尾羽覆羽上有两条相同的横斑；下体表为纯白色，喉部中央有一条黑色斑纹；胸部有大而清晰的黑色斑点。腹部、肛门、下尾羽覆羽、胫骨羽毛以及短跗骨羽毛上有均匀的黑色和白色斑点；鸟喙为黑色，爪趾为蜡黄色。一个年幼的马来鹰雕样本胸部的斑点要少一些，也小一些，头部有红褐色的羽毛，翅覆羽上有一些未退净的棕色羽毛，一条未退掉的尾羽上有三条狭窄的深色斑纹，基部还有两条以上更密集模糊的斑纹。这一绝美的物种还栖息在马六甲、德林达依和加里曼丹岛(旧称：婆罗洲)。’

“插图中描绘的两只样本现在收藏于诺里奇博物馆。成年鹰雕是在巴克利先生的帮助下从新加坡获得的；幼鸟是已故的格拉斯普尔先生赠予的，他在去往东方的一次航行中捕获了这只鸟儿，但是具体在哪里将其捕获的却并没有做详细的记录。”

印度领角鸮

英文名 | *Indian Scops-owl*　　拉丁文名 | *Otus bakkamoena*

印度领角鸮

猛禽／鸮形目／鸱鸮科／角鸮属

印度领角鸮与欧洲红角鸮是两个不同的物种，对这一点我从来没有怀疑过。正如杰顿先生对其描述的那样，二者除了斑纹有十分显著的差异外，前者的身量也要比后者小许多。无论幼鸟还是成年鸟儿，无论雌鸟和雄鸟，当它们身上的羽毛呈现出红色的时候，这一颜色往往在印度领角鸮身上更加强烈。我相信只要看一眼插图中的鸟儿，那些对我们的鸟儿有一些了解的鸟类学家们就会相信印度领角鸮是一个独立的物种。我没有机会去了解这一物种的生活习性和特点，因此我必然要从那些有幸能观察到它们的人那里转录一些笔记。

杰顿先生说："霍奇森是第一个认为印度领角鸮与欧洲的红角鸮是不同物种的人。有些人一直以为它们是同一个物种，因此在一些书籍当中这两个物种也被当作一个物种来讲述。然而，考普认为这一物种与欧洲的物种并不相同。印度领角鸮的样本甚至在羽毛呈灰色的状态时通常都可以与欧洲红角鸮区分开，不过要用语言来形容它们之间的差异却不是一件容易的事情。加尔各答亚洲学会博物馆的两只欧洲红角鸮样本与印度领角鸮的不同之处在于它们的上体表羽毛斑纹更显著，羽茎上的斑纹颜色更浅，底色中较浅的部分看上去更宽、更斑驳。欧洲红角鸮的身量明显要大得多，翅膀有15厘米以上。"

在陈述完"印度领角鸮偶尔会出现在整个印度和锡兰，在森林中和多树木的地区"后，杰顿先生又补充说："我获得的第一只印度领角鸮样本是在我位于马德拉斯的家门外发现的。发现这只鸟儿时它已经死去了，但是看上去身体状况很好，而且只受了一点点伤；它或许是被短嘴鸦杀死的。我也在东西高止山脉捕获了印度领角鸮的样本，但是在印度中部却没有收获。从喜马拉雅山区到缅甸、马里亚纳和中国都能发现这种鸟儿。在日落之后，它就会发出一声低沉、温和的鸣声。所有我见过的印度领角鸮都是以昆虫为食。"

当鸟儿的羽毛呈现出红色的时候，整个上体表都是深肉桂色或亮栗色，每根羽毛的羽轴以下都有一个黑色的斑纹，在背部和翅膀上并不明显，但是在头前部十分清晰；肩胛部位的外羽片为白色，端部有一个狭窄倾斜的黑色条纹；面盘与上体表颜色相同，但是边缘的颜色要浅得多，羽尖为黑色；副翼羽上有一个白斑，端部都为黑色；主翼羽为深棕色，外侧有白色的条纹，每侧各有一条黑色线条；胸脯部位为栗色，每根羽毛的羽轴为黑色，腹上部的更大、更显著，而且羽毛端部为白色；下部颜色变浅，有狭窄的黑色横纹和红棕色光泽；尾羽为红褐色，有一些狭窄的黑色双重斑纹；虹膜为浅金黄色；鸟喙为暗绿色；足部为灰色。

当这些鸟儿羽毛呈灰色的时候，斑纹仍然相似，只是对比起来没有那么明显。

杰顿先生陈述说幼鸟羽毛的红色更暗淡，羽轴更黑，而下体表有更多的白色部分，面盘上也有许多白色羽毛，肩胛部位外侧为白色，端部和飞羽上的斑纹为黑色，尾羽呈明显的棕色或颜色斑驳。

插图中展示的是两只着红色羽毛和一只着灰色羽毛的印度领角鸮。

草鸮

英文名 | Eastern Grass-owl　拉丁文名 | *Tyto longimembris*

草鸮

猛禽／鸮形目／草鸮科／草鸮属

草鸮这种精致的鸟类分布在旧世界(泛指亚非拉三大洲)的大部分地区，这样的说法毋庸置疑是正确的，因为我发现从印度半岛和澳大利亚东部的大草原上收集的样本之间几乎不存在差异，或者只有很小的不同。据说这一物种还生活在印度半岛和澳大利亚居间地带的岛屿上(包括爪哇岛)，而斯温霍先生在他的著作《中国及其岛屿鸟类新目录》中提到这一物种也会到访中国台湾的西南部地区。

草鸮主要栖息在草原上，它们特别修长的跗跖骨保证了它们可以稳稳地站在高大的青草间，并且很容易就可以从那里起飞，而那些短腿的同属鸟类要从草丛中飞起来就没那么轻松了，因此后者通常栖息在树木、岩石、高塔和其他的高耸的建筑上。由此我们知道草鸮的这一特点是专门为了适应生存环境而形成的，而且这一特点也极为引人注目。草鸮都以什么作为食物我们目前还不清楚。毫无疑问，栖息在印度地区的草鸮会以小四足动物、幼鸟、爬行动物以及昆虫为食，以及大草原、多沙的林地以及澳大利亚的田埂上数量极大的小型啮齿动物也为草鸮提供了丰富的食物来源。

我注意到，相比澳大利亚的鸟儿，成年印度草鸮的羽毛颜色要更深一些，身上的棕色光泽更均匀，白色斑点更小、更匀称，但这些还是不足以让我怀疑它们会是不同的物种。布兰福德公爵在印度做调查时捕获了一些草鸮样本，我的插图就是参照他收藏的一个样本绘制的。

关于这一物种，杰顿先生说："这一物种几乎无一例外都生活在高高的青草间，不会飞到树丛里，也不会靠近人类的居住地。在一些地区，这些鸟儿或许并不少见。一次，在内洛尔附近的大水塘长满了高大的青草和芦苇的干涸的河床上，当我开枪想要驱赶野猪时，我看见了至少20只这样的草鸮。起飞时，草鸮的身体看起来很沉重，飞得很笨拙，并且只能飞很短的一段距离，很快就会突然地落回到草丛中。菲利普斯先生提到过鹰隼有时候会追逐这些鸟儿。我猜想他说的鹰隼是放鹰人训练的鹰隼，因为我自己也听说，在旁遮普，放鹰人最喜欢的猎物就是这种草鸮。”

插图中展示的是一只成年草鸮和一只幼年草鸮。

棕雨燕

英文名 | *Asian Palm-swift*　　拉丁文名 | *Cypsiurus balasiensis*

棕雨燕

攀禽 / 雨燕目 / 雨燕科 / 棕雨燕属

我要感谢杰顿先生借与我这只小棕雨燕。如上插图中所示，这种鸟儿具有棕色的羽毛。

杰顿先生告诉我们棕雨燕在印度的分布情况："戈德温 · 奥斯汀少校在那加丘陵上捕获了一只这种有趣的棕雨燕，后来又在伽罗丘陵上捉到了这样的鸟儿，并且，安德森博士雇佣的当地收藏家也在这一地区捕获了这样的鸟儿。伽罗丘陵是那加丘陵——卡西丘陵的直接延续。而在中间地带上，这种雨燕却不为人所知。文明程度更高的卡西族比他们的左邻右舍拥有更好的房屋，他们的邻居只用棕榈树叶来修葺他们茅草屋的屋顶。棕雨燕总是不假思索地在卡西族人的屋顶上营建巢穴。"

斯温霍先生将这一物种写进了他的中国鸟类目录中："我在中国海南的中部地区第一次注意到这个小物种。当时一对这样的鸟儿飞过我的头顶，我开枪捕射了其中一只。在海南省东南部沙滩上的椰子树中间，这种鸟儿很常见。我们也在这里捕获了几只这样的鸟儿。那时是3月10日，这些鸟儿还没有表现出筑巢的迹象。3月18日在海南岛的南部，我再一次看见许多棕雨燕在这个城市附近的一片树林上空飞来飞去。"

慷慨的戈德温 · 奥斯汀少校允许我复制了插图中的茅草屋图画，我要感谢他让我的插图看上去更有趣一些。这些鸟儿就是在这样的建筑上筑巢繁育后代的。这样的素描对鸟类学家是最有帮助的，我们没能见到更多这样类似的关于鸟类繁殖习惯的绘画作品实在是很遗憾。

下面是斯温霍先生对这只小雨燕的测量结果：

"体长11.4厘米，翅长12.1厘米；第一根飞羽至末端渐细，比第二根飞羽短0.6厘米；尾羽长5.7厘米，中央尾羽比两侧尾羽短2.2厘米。

"雌鸟的翅膀稍微短一些，其他方面均与雄鸟相似。"

凤头树燕

英文名 | *Crested Treeswift*　　拉丁文名 | *Hemiprocne coronata*

凤头树燕

攀禽／雨燕目／凤头雨燕科／凤头雨燕属

凤头树燕的栖息地包括印度半岛、斯里兰卡、马来西亚和中国。关于这些鸟儿整体的生活习性和特征目前只有少量记载，然而下面的笔记尽管只有寥寥数语，但是一定能够引起读者你的兴趣。

博伊斯上校说："我在曼杜首次观察到这一物种，一位一流的射手费了不少心思才让我成功地获得了两只雄鸟。在1840年6月3日，我又捕获了几只在深深的小谷地上空飞翔的凤头树燕。那时我仅仅能观察到四五对这样的鸟儿，而我射杀了其中的五只；第二天在那里就再也看不见一只这种鸟儿了。1841年5月14日和6月1日我又捕获了另外一些样本。

"这种鸟儿飞得极高，会消失在高原的上空，也常常在深深的峡谷上空盘旋。在飞行中，它们长长的尾羽不断地打开和闭合，动作与一把正在工作的剪刀相似。"

莱亚德先生陈述过："凤头树燕分布在整个斯里兰卡，它们常常会飞到丛林中，而不是空旷的田野。它们通常会选择一个高高的无遮蔽的枝干，栖坐在那里等待着突袭猎物。在飞行中，它们常常会不断地重复着那独特的鸣叫声。有时我也能听到在休息的凤头树燕发出同样的鸣叫声，与此同时，它还会迅速地竖起和放下羽冠。

"我从来没能找到凤头树燕的巢穴，但是当地人向我保证说它们会在丛林中的树木上筑巢。它们在3月份来到科伦坡，12月份才离开。3月份我捕射了一只凤头树燕幼鸟。它的羽毛是绿色的，每根羽毛的边缘都是白色的，因此这只鸟儿看上去就像覆盖着鳞片一样。"

除了印度的样本，大英博物馆中还收藏了来自中国和斯里兰卡的美丽样本。中国的样本是福琼先生捕获的。除了斯里兰卡的那些样本鸟类的喉部和耳朵附近的羽毛是更加浓重的栗色之外，在其他方面它们都十分相似。

金腰燕欧亚亚种

英文名 | *Red-rumped Swallow*　　拉丁文名 | *Cecropis daurica rufula*

金腰燕欧亚亚种

鸣禽／雀形目／燕科／斑燕属

在欧洲以及所有能发现这种鸟儿的相似纬度地区，金腰燕都是一种候鸟，仅仅会在夏季到访这些国家。在希腊、巴勒斯坦和小亚细亚这一物种的数量比在其他任何地方都要多；在意大利、法国和德国，它们只是偶然到访的迷鸟；在此以北能看到的金腰燕也只是迷了路的流浪鸟。

关于这种鸟儿，辛普森先生和崔斯特瑞姆先生所做的描述最为有趣。提起他在希腊西部地区看到的这一物种时，辛普森先生说："金腰燕的筑巢习惯十分奇特，它们总是将巢穴建在洞穴下面或者突出的岩石石板下。过去被希腊的绿林好汉们当作方便的避难所的许多山洞如今被牧羊人利用了起来，他们在冬季时候会将畜群赶到这里。这种古怪的燕子不满足于拥有一整个干燥又遮风挡雨的洞穴，必须要建造一个长长的走廊，通向自己的巢穴。走廊入口极为狭窄，但是向内逐渐变宽，最里边才是铺着羽毛的舒服又宽敞的卧室。日落后，再没有机会捕获到昆虫，这些小家伙们就回到了这个舒服的家中。因此若是某位残酷的鸟类学家想要捕获这对鸟儿，只要堵住巢穴入口，它们必然就逃不掉了。在一个洞穴中往往只有一对这样的鸟儿筑巢，不过洞穴顶部常常还能看到旧巢的残迹。同一对鸟儿似乎会年复一年地回到这里；它们的巢穴若不是在冬天里被牧羊人淘气的孩子破坏了，就只需要稍微修缮便可。当一对这样的鸟儿被捕捉了，第二年它们使用的洞穴往往就被废弃了，这也证明了一对鸟儿会一直使用同一个洞穴。1859年5月末6月初的时候，几个盛有鸟卵的巢穴被发现了，当时巢穴中4枚卵似乎就要孵化完成。鸟卵的颜色很白。"

崔斯特瑞姆先生在他的巴勒斯坦鸟类学笔记中针对他所发现的这种燕子写道："这种鸟儿在3月末才回到巴勒斯坦。我们在28日捕获了我们的第一只样本。金腰燕回归巴勒斯坦后，就分散在了整个国家温暖、多沼泽的地区。飞行中的金腰燕是一种漂亮的鸟儿，栗色的羽颈和尾部十分耀眼。它们会不断地翻转和振翅，速度比普通的燕子要慢得多，飞行距离也要短一些。尽管它们会成群一起觅食，但是我从不知道几对这样的鸟儿会相互陪伴着繁殖，因为在一个洞穴中很难发现两个鸟巢。巢穴的结构非常漂亮，所用的筑巢材料与家燕的筑巢材料相同，但是总是建在洞穴或拱顶下。它的形状与曲颈瓶相似，大肚部分是宽敞舒适的巢穴，里面铺设着温暖的羽毛，通向巢穴的走廊长度往往能有0.3米甚至更多。建造这个精致的小建筑虽然不易，但是小建筑师们仍然十分用心，常常会一连抛弃两三个未完成的巢穴，在同一个洞穴中重新开始筑巢。卡梅尔山上修道院走廊的拱顶下是它们最喜欢的筑巢地。鸟卵的个头要比家燕的卵大许多，小的一端较为扁平。”

金腰燕的头冠部、背部、肩胛部位、翅膀覆羽和上尾羽覆羽都为十分有光泽的钢蓝色，背上部少数羽毛基部有白色斑块；翅膀和尾羽为深棕黑色；眼睛上方的斑纹和颈后部的羽颈为深锈红色；尾部上部分为锈红色，趋近尾羽处褪为乳白色；喉部、下体表和下尾羽覆羽为乳白色，每根羽毛中央都有一条十分精致的棕色条纹；下尾羽覆羽端部为蓝黑色，越接近尾羽这样的斑块越大；鸟喙为黑色；足部为棕黑色。在一些样本中，外侧尾羽中央会出现一块模糊的暗白色斑纹。

两性个体之间在羽毛方面十分相似，但是雌鸟比雄鸟要小一些。

蓝喉蜂虎

英文名 | *Blue-throated Bee-eater* 拉丁文名 | *Merops viridis*

蓝喉蜂虎

攀禽／佛法僧目／蜂虎科／蜂虎属

蜂虎属的这一物种比我所熟悉的同家族鸟类的分布地更为广阔。此时此刻放在我面前的蓝喉蜂虎样本来自印度半岛上的几乎每一个地区，有些来自喜马拉雅山脉和科摩罗角，还有一些来自斯里兰卡，伦敦动物学会还收藏了一个来自毛里求斯的样本。

尽管蓝喉蜂虎较为普遍地分布在整个印度半岛，但是它们也遵循着自然的迁徙规则，或者说至少会随着食物的变化而迁居。在炽热的夏季，当植物已经干枯，昆虫不见了踪影的时候，这些鸟儿也会离开，去寻找食物丰富的栖息地。

布莱斯先生说："这种鸟儿极为常见，但是在雨季就会消失。它们在加尔各答附近繁殖，我就得到过从那里捕获的鸟儿，3月份这些鸟儿被送到我这里时几乎就要产卵了。这些鸟儿的生活习性与霸鹟科鸟类相似，但是它们常常会成群一起飞翔着追逐昆虫，与燕子一样。"

杰顿先生说："众多这种著名而且常见的鸟类栖息在整个印度地区。它们通常像真正的霸鹟一样捕食，栖坐在某个高处，比如大树的树枝或树干上，也或者小灌木或树丛的一个树枝上，有时候也会在草茎上或某个老建筑上停下来等待着。它们坐在那里，警觉地环顾四周，发现了远处的一只昆虫时就会敏锐地飞起来，鸟喙猛然咬动，接着飞回到栖坐的地方。它们飞翔时翅膀总是伸展开，速度极慢，头部和翅膀的金属光泽在阳光的照耀下显得异常绚烂。有时一只蓝喉蜂虎也会单独觅食，有时会小群一起觅食，每只鸟儿栖坐在离彼此不远的地方。每次从栖坐的地方飞离，它们往往能捕获一两只昆虫。在清晨和日暮时分，许多蓝喉蜂虎会四处飞舞着追捕食物。有时候它们还会和燕子在一起，活跃地四处觅食。每隔一段时间，蓝喉蜂虎也会换个地方重新栖坐下来。它们的叫声奇特、响亮而且很令人愉悦。在清晨和日落时候它们聚集在一起，常常会发出这样的鸣叫。栖息在空旷的高原上的鸟儿通常会回到某个隐蔽的丛林地区繁殖。它们的巢穴通常建在山涧中的洞穴里。有时它们会从地面、花朵或树枝上捉到一只昆虫。我常常在日落的时候看到小群这样的鸟儿聚集在马路边上，看起来十分享受地在沙土中洗澡。”

皮尔森先生告诉我们：“绿色的蓝喉蜂虎能够伸展着翅膀滑行上一段路程，因此这种鸟类的飞行动作就包括两部分：快速的起飞、翅膀迅速拍动；快速的滑翔、翅膀和尾羽完全伸展着。它们的动作，尤其在后一阶段时极为优雅。”

在已故的肖尔先生的画作中我发现了一幅这一物种的图画，以及下面简短的笔记：

“蓝喉蜂虎两性个体很相似；幼鸟完全为暗绿色；一些鸟儿前额有金色的光泽。

“从加尔各答到喜马拉雅山脉地区这一物种都很常见。1832年3月19日，射杀于阿拉哈巴德。”

头部、上体表和翅膀为绿色，头冠部和颈后部有金棕色的光泽；主翼羽和副翼羽为红棕色，外羽片上有绿色的光泽，端部为棕黑色；三级飞羽为绿色；翅膀下表面为浅黄褐色；眼端和耳部覆羽为黑色；下体表为草绿色，喉部有蓝色的光泽，胸部有一条清晰的黑色横纹；尾羽为绿色，横向羽毛内侧边缘为灰色；羽轴都为暗黑色，两根中央羽毛细长的部分为黑色；虹膜为深红色；鸟喙为黑色；足部为紫灰色。

雌鸟和雄鸟的颜色没有明显的差异，但是幼鸟的中央尾羽没有细长的丝状羽。

白胸翡翠亚种

英文名 | *White-throated Kingfisher*　　拉丁文名 | *Halcyon smyrnensis fusca*

白胸翡翠亚种

攀禽／佛法僧目／翠鸟科／翡翠属

白胸翡翠亚种分布在印度半岛的所有地区、阿萨姆邦、丹那沙林和斯里兰卡；我在泰国也见到了这样的鸟儿。

伯吉斯先生告诉我们说："白胸翡翠是德干半岛上一种常见鸟类，人们几乎在每一条河流和水道上都能看到这种鸟儿。它们在5月份繁殖，会在河堤上的洞穴中产下的卵多达7枚。白胸翡翠卵的蛋黄其实为粉色，透过薄薄的精致蛋壳看上去整枚卵都是粉色的。"

杰顿先生说："白胸翡翠是印度翠鸟科鸟类中分布最广、最普遍的一种鸟儿。它们不仅会出现在河流、小溪、沟渠、水井和潮湿的稻田中，也会到访干燥的耕地、树丛、断壁残垣和许多类似的地方。它们会捕食小鱼(这时候它们会在水下捕食)、青蛙、蝌蚪和各种水生昆虫；小蜥蜴、蝗虫和各种较大的昆虫也在它们的捕猎范围之内。在飞行中，它们会发出十分洪亮刺耳的尖叫声。据说它们在河堤上的洞穴中繁殖。"

莱亚德先生陈述说，在斯里兰卡这种鸟儿"十分常见，分布广泛，以淡水和海水鱼类、蟹类、甲壳虫和蝴蝶为食，毫不挑食。我看到它们捕捉昆虫的方式与霸鹟科鸟类一样，它们会从树枝上冲出去，在空中捕捉到昆虫，鸟喙猛烈咬合的声音在几米远外就能听到。一只不幸被捕捉后养在鸟舍中的白胸翡翠在被囚禁后不久就袭击了大部分比它身量小的鸟儿；最后当它正用强劲有力的鸟喙咬住一只小鸟时终于被发现了；它狠狠地折磨了一会儿这只猎物，然后将它整个吞了下去。白胸翡翠会在枯树上筑巢；亲鸟会产下两枚白色的卵，卵表面光滑明亮，十分好看。12月份我在这个岛屿的北部获得了一些鸟卵，4月份在南部又获得了另外一些"。

插图中展示的是雌雄白胸翡翠，由此可以看出它们的羽毛色彩是相同的。

横斑翠鸟

英文名 | *Banded Kingfisher*　　拉丁文名 | *Lacedo pulchella*

横斑翠鸟

攀禽／佛法僧目／翠鸟科／横斑翠鸟属

已经谢世六十载的霍斯菲尔德博士在爪哇岛发现了横斑翠鸟。这种鸟儿同样栖息在苏门答腊岛和马六甲半岛。在看过了大量雄鸟样本之后，我还是注意到了一些不同。比如，我看见上体表的蓝色羽毛会有一些变化，而且并不是所有的鸟儿颈后部都有红褐色的羽颈。同时我看过的所有横斑翠鸟中没有哪一只的颜色能比得上泰国的横斑翠鸟亚种，而且后者标志性的美丽羽冠也十分醒目。

这一物种在爪哇岛极为罕见，我们得到的来自爪哇岛的样本也仅仅只有几只。霍斯菲尔德博士说："这是一种极为罕见的本地鸟类，我只看到过一次这样的鸟儿。那是在三宝垄东南部大约32千米的一片低低的丘陵上。"华莱士先生所做的观察如下："横斑翠鸟栖息在溪流附近的灌木丛中，它们会从泥潭中捕食小型蟹类。这些也构成了它们的主要食物。"戴维森先生没有在丹那沙林的溪流边看到过横斑翠鸟，而是在离水源好几千米的地方发现了它们。显然，布莱斯先生提到自己在丹老看到的翠鸟就是丹那沙林的横斑翠鸟。

我从夏普先生的《翠鸟专题论文》中摘录下面的描述：

"横斑翠鸟成年雄性，头部、颈背部、背部和翅膀覆羽为黑色，每根羽毛上有白色的斑纹，端部为亮蓝色；尾羽为黑色，有蓝色和白色的斑纹；主翼羽为黑色，副翼羽有白色的斑点，端部也为白色；前额、两颊和颈背部下面的羽颈为深栗色；喉部为白色；胸上部和侧腹为浅棕红色，腹部中央和下翅膀覆羽颜色更浅；鸟喙为深红色；眼睛为棕橄榄色；足部为浅赭黄色。总体长22.9厘米，嘴峰3.6厘米，翅膀8.6厘米，尾羽6.9厘米，跗跖骨长1厘米。

"雌性，上体表为黑色，有宽阔的赭色斑纹；下体表为白色，胸上部和侧腹有黑色的斑纹。"

插图中展示的是美丽的雌性和雄性横斑翠鸟，是参照我自己的收藏绘制的。

普通翠鸟亚种

英文名 | *Indian Kingfisher*　　拉丁文名 | *Alcedo atthis bengalensis*

普通翠鸟亚种

攀禽/佛法僧目/翠鸟科/翠鸟属

该翠鸟亚种真正的栖息地位于孟买和整个印度半岛。在这些地区只要是环境适宜的地方，都能够看到它们的身影。东方的中国和日本，以及据《日本动物志》的作者们所说的印度半岛南方的帝汶岛都栖息着这种美丽的鸟儿。鉴于我的朋友施莱格尔对这个问题做过细致的研究，我将他的论述摘录如下：

“孟加拉的普通翠鸟，这种鸟儿栖息在南亚和东亚的大部分地区。表面看上去，这种鸟类与我们常见的普通翠鸟相比除了身量更小，有时羽毛色彩也有深浅的不同之外，并没有更多的差异。一些现代的作者认为这些差异无关紧要，不足以构成物种的差异，因此把它们看作同一个物种。

“孟加拉的普通翠鸟与栖息在欧洲的普通翠鸟相比，身形没有那么强健和矮壮，而鸟喙要稍长一些。该物种栖息在孟加拉，我们的旅行者们也从印度和帝汶岛捕获了许多这样的鸟儿。基特利茨说这一物种在吕宋岛也比较常见，它们的生活习性与欧洲的普通翠鸟完全一致。我们面前就有一系列来自孟加拉、日本和帝汶岛的样本，这些样本之间都存在着刚刚能辨别的细小差异。

“孟加拉的翠鸟羽毛颜色与欧洲的翠鸟相同，但是它们的翅膀要稍短一些，尾羽长度相同，鸟喙要稍长一些。

“来自日本的翠鸟羽毛色泽与孟加拉的翠鸟更加相似，但是它们的翅膀更长一些。

“帝汶岛的翠鸟与日本翠鸟的翅长相等，但是它们的上体表更加美丽，接近完美的蓝色，而不是孟加拉和日本以及欧洲的普通翠鸟那样的绿色。”

赛克斯上校说：“这一物种喜欢溪流，它们从来不会出现在花园里。”

皮尔森先生告诉我们：“它们常常会站在稻田里的植物茎秆上，观察浅水中的鱼儿。”

从汉密尔顿博士那里我们得知，“这一物种会在陡峭的河堤和泥墙上挖洞，并在洞中营建巢穴”。

已故的博伊斯上校在笔记中有以下的描写：“它们常常到访山涧溪流和隐蔽的地方，也常常会栖坐在悬于河岸之上的树枝上，而不是任何突出的岩石或木桩上。它们总是贴近水面飞行，速度极快，看起来很轻松。若不是因为捕食或其他的需要，它们会一直栖坐在一个地方。雌、雄鸟的羽毛很相似，但是雌鸟的颜色要暗淡一些。”

斯温霍先生说它们有时会出现在中国北部地区。

插图中展示的是两只完全成熟的鸟儿。

棕胸佛法僧亚种

英文名 | *Indian Roller*　　拉丁文名 | *Coracias benghalensis indicus*

棕胸佛法僧亚种

攀禽 / 佛法僧目 / 佛法僧科 / 佛法僧属

棕胸佛法僧亚种普遍地分布在印度半岛，从喜马拉雅山脉的山脚下，到科摩罗角、阿富汗，以及亚当斯博士所说的达拉克和西藏地区都是这一物种的栖息地。

1869年3月10日，牛津街的一个羽毛商向我展示了三四百只这种鸟儿的标本，据他说这只是源源不断地从印度寄来的标本中的一部分，或许还有几百只这样的鸟儿正要从印度寄来。所有正直的人听了这样的消息都会感到难过，我也是如此。这样的捕杀和摧毁一定让棕胸佛法僧的数量减少了许多。

一些作者对棕胸佛法僧亚种的筑巢方式和鸟卵颜色的描述是错误的。一位作者说这一物种会用树枝和青草筑巢，并且会产下深蓝色的卵；而另一位作者却说它们的卵是绿色的，有许多深棕色的斑点。但是每一位鸟类学家都很清楚幼鸟出壳前的鸟卵是粉白色的，而卵破碎后则是亮白色的。

杰顿先生说："棕胸佛法僧亚种十分普遍地分布在整个印度。它们同样喜欢到访开阔的丛林、树林、林荫大道、花园、空旷田野中的小树丛，除了茂密的森林，几乎到处栖息着这样的鸟儿，在每一个村庄里人们都能看见它们的身影。这种鸟儿通常栖坐在树木的树冠或高处的枝条上，它们的目光十分敏锐，可以发现远处的昆虫。当它们锁定目标后，就会立即扑上去，将猎物抓住，接着返回到它们的栖息处进食。棕胸佛法僧亚种最喜欢栖坐在裸露的树木或木杆上，在那里它们能获得更开阔的视野；同样，老旧的建筑、干草堆或其他高高的位置都能成为它们的落脚处。有时候在一株低矮的灌木、一堆泥土或者一些石块上面也能看到这样的鸟儿。栖坐时，这些鸟儿会竖起头部和颈部的羽毛。我几次看见一只这样的鸟儿在空中追逐一只昆虫，它们常常会追一段距离。当雨后昆虫纷纷飞离巢穴的时候，棕胸佛法僧亚种就像几乎所有的鸟儿那样也飞出去捕猎了。飞行时，它们振翅的方式缓慢而持续，与乌鸦的飞行方式相似，不过看起来更加轻快，但是这些鸟儿总是会在空中朝各个方向做突然的冲刺。它们的食物主要是大型的昆虫——蚱蜢、蟋蟀甚至甲壳虫，它们偶尔也会吃一些小田鼠或鼩鼱。

“棕胸佛法僧亚种的鸣声十分沙哑刺耳，受惊时它们总是会发出这样的鸣叫，在其他时候也经常鸣叫。它们常常会成为红头隼的猎物，这种猛禽总是跟在它们身后紧追不放。不过棕胸佛法僧亚种会不断地改变飞行方向，时而倾斜着飞出去，时而垂直下落，尖声鸣叫着，努力逃到最近的树木或树丛中，躲避敌人的追捕。但是即使这样，它们也并不安全，红头隼依然能穿过树枝追逐它们，一再将它们从一个又一个树丛中赶出来；不久，筋疲力尽的棕胸佛法僧亚种就会沦为这种残忍的猛禽口中的猎物。

“在炎热的季节结束，雨水来临的时候，这些鸟儿就要开始繁殖了，它们会在树洞、断壁残垣或废弃的建筑中产下3～4枚纯白色的圆形的卵。厄比先生说它们在奥德的屋顶上和树洞中繁殖，有时也会在茅草房屋顶的茅草中营建一个巢穴。我在印度南部地区见到的棕胸佛法僧亚种最愿意亲近人类，而亚当姆斯也说它们会在茅屋的房顶上和烟囱中筑巢产卵。在繁殖季节中它们会变得十分好斗而且聒噪。”

菲利普斯先生说：“在被鹰隼攻击时，它们会十分灵敏地躲避，不断地改变着飞行方向；在被捕获时，它们十分有力的鸟喙总能在敌人的腿上造成深深的伤口。当地人说，它们有时能弄断隼属鸟类的腿。这样的话，它们显然能够弄断褐耳鹰的腿。

“我曾经观察到1只棕胸佛法僧亚种在径直地向前飞行，当它突然注意到下方几厘米处的一只昆虫时就突然转身向下冲了过去，捉住昆虫，接着继续前行。”

戴胜印度亚种

英文名 | *Indian Hoopoe*　拉丁文名 | *Upupa nigripennis*

戴胜印度亚种

攀禽／犀鸟目／戴胜科／戴胜属

杰顿博士认为戴胜印度亚种分布在整个印度南部地区，从中印度部分地区直到西北部各地。而且据莱格上校说，这一物种分布在斯里兰卡许多干燥的地区，在该岛屿的北部和东南部十分常见，但是在西南部人们并没有发现它们的身影。缅甸的戴胜印度亚种分布在勃固、丹那沙林，从缅甸到泰国都栖息着这样的鸟儿，甚至在海南岛人们也能见到戴胜印度亚种。

文森特·莱格上校在《斯里兰卡鸟类》中对当前物种的生活习性做了最好的描写，我摘录如下："斯里兰卡这一迷人的鸟儿常常到访空旷、树木稀疏的土地，点缀着植有矮树的平原、耕作过的田野、丛林深处干燥的草地以及中部地区。戴胜印度亚种是一种温顺的鸟儿，在觅食时，它们帅气的羽冠会收缩起来，人走到离它很近的地方才会起飞。在受惊后，它们通常不会飞很远，而是在附近的树木上静静地栖坐下来，发出柔和美妙的鸣叫，声音类似"呼-呼-呼，呼-呼-呼"，每发出一声鸣叫便会点头并舒展开美丽的羽冠。在贾夫纳，它们会出现在英国人的民居附近。我曾见过它们在一所平房的花园离游廊几米远的地方繁殖。它们完全在地面上进食，总是气定神闲地在草地上踱步，在干燥的土壤中卖力地翻找昆虫。它们喜欢翻动牛的粪便，在粪便下面总是潜藏着丰富的食物。斯里兰卡海岸边的丛林中栖息着无数雀科鸟类，在它们叽叽喳喳的鸣叫中突然听见戴胜印度亚种柔和独特的鸣叫常常会让人欣喜感动。尽管它们可能就在你的附近鸣叫，但是这鸣声却仿佛从遥远的海上伴着狂野的海风飘来。在北部海岸焦热的小树丛中驻留了一个漫长的早上，忙碌着打猎的人正在8点钟太阳灼热的光线下迈着疲惫的步子向他的露营地走去，突然听到这样的声音，他的全部注意力都被它抓住了。戴胜印度亚种总是起起伏伏地飞行，看起来飞得十分轻松；被追逐时，它们也能够展示出惊人的飞行能力。据说印度训练有素的猎鹰也常常会让它们落荒而逃。

"斯里兰卡北部的戴胜印度亚种繁殖季节从11月份一直持续到次年4月份，或许它们还会在之后的时间里繁殖第二窝幼鸟，莱亚德就提到在8月份捕获了戴胜印度亚种幼鸟。它们在树洞中繁殖，从这一点以及解剖学上来看，它们与犀鸟相似。有时它们也会在墙洞中筑巢，我就知道一对戴胜印度亚种在贾夫纳的英国人花园里筑巢。戴胜印度亚种有在印度的墙壁中筑巢的习惯，筑巢材料是青草、大麻和羽毛。在这个地区的一个堡垒墙壁上人们发现了一个用柔软的大麻组织筑起的巢穴。科伯恩女士告诉我们，它们会选择在石墙和土坝上的洞穴中筑巢，仅仅用一些毛发和树叶营建一个十分简陋的巢穴，在不久以后巢穴就会散发出十分难闻的臭气。在繁殖季节里雌鸟尾骨上的皮脂腺会分泌一种油脂，这种油脂会发出难闻的气味，因此一些人才会以为这种鸟儿用牛粪筑巢。"

这一物种的鸟卵通常有5～6枚；但是有时也会有3～7枚。休姆先生说鸟卵为淡灰蓝色，但是许多鸟卵也是浅橄榄棕色或灰橄榄绿色，人们也观察到过具有这两种颜色之间的中间色的鸟卵。

插图中我描绘了一个来自南印度地区的样本，一个来自缅甸的样本，来展示它们鸟喙长度的不同。图中的两只鸟儿都来自我自己的收藏。

红腰咬鹃

英文名 | Scarlet-rumped Trogon　　拉丁文名 | Harpactes duvaucelii

红腰咬鹃

攀禽／咬鹃目／咬鹃科／咬鹃属

红腰咬鹃的头部为墨黑色，背部和肩胛部位为浅肉桂棕色，上尾羽覆羽为漂亮的猩红色，两支中央尾羽为肉桂棕色。它的尾部和背下部为猩红色，胸部为热烈的红色。这一美丽的物种的色彩极其绚烂，很少有哪个物种可以与之相比。据我们目前拥有的样本的美丽的羽毛，我们推测在野外自由生长的红腰咬鹃在茂密幽静的森林中如流星一般划过时会更加光彩夺目。它们的出现一定会引起那些敢于走进最原始的地带去探索的自然学家们的热情赞叹。

我认为这一物种真正的自然栖息地是苏门答腊岛和加里曼丹岛，在这些地方它们也一定是最绚丽多彩的一个物种。

红腰咬鹃的雌雄个体之间的差异也在于雌鸟的羽毛颜色更暗淡一些，正如插图中所示。

雄鸟的头部和喉部为墨黑色；胸部、下体表、尾部和上尾羽覆羽为漂亮的猩红色；背部为肉桂红棕色；翅膀为黑色，覆羽和副翼羽有许多白色的精致斑纹；主翼羽外羽片基部边缘为白色；两根中央尾羽为深肉桂棕色，端部为黑色；接下来两侧的两支尾羽为黑棕色；两外侧的三支羽毛基部为黑棕色，端部有大块白色；鸟喙、颈背部和眼上部裸露的部分为深蓝色；虹膜为红棕色；足部为蓝色。

雌鸟的头部为深棕色；背部为深肉桂棕色，背下部和上尾羽覆羽颜色渐浅，有猩红色的光泽；翅膀覆羽和副翼羽有相间的赭色和黑色斑纹；主翼羽为暗黑色，外侧边缘为灰白色；下体表为橙棕色，在腹下部和下尾羽覆羽渐浅，带有一些猩红色；两根中央尾羽为浅肉桂棕色；其他的部分与雄鸟相同。

BIRDS OF ASIA

VOLUME Ⅱ

OSCINES (I)

卷二

鸣禽（Ⅰ）

绿宽嘴鸫

英文名 | *Green Cochoa*　　拉丁文名 | *Cochoa viridis*

绿宽嘴鸫

鸣禽／雀形目／鸫科／宽嘴鸫属

霍奇森先生在尼泊尔做了许多观察和研究，他让我们熟悉了许许多多珍稀罕见的鸟类，但是绿宽嘴鸫是其中少数几种最为有趣的鸟儿之一。霍奇森先生说："与大多数尼泊尔的鸫科鸟类一样，这些鸟儿在这一国度的三个地区都很常见。它们性情羞怯，仅仅在树林中栖息，通常单独或成对一起活动，一年仅繁殖及换羽一次。我在一些样本的胃部发现了一些有硬核的浆果、一些小型的单壳软体动物以及一些种类的水生昆虫。这些鸟儿并不为当地的尼泊尔人所熟知，但是我遇见的居住在森林中的人们是知道它们的。

"绿宽嘴鸫在成熟之前会经历许多变化，在换羽期间也会呈现出多种样子，背部有时会有新月形的灰色斑纹，翅膀上柔软的蓝色羽毛上有棕黄色的斑点。"

正如霍奇森先生所说，我也发现这一物种的颜色会发生许多变化。我见过一只绿宽嘴鸫的下体表为绿色，腹部中央有美丽的浅黄色光泽，背部有醒目的新月形斑纹。正如霍奇森先生所说，这一斑纹可能标志着这一鸟儿并未成年。如果成年雌鸟并不具备这样特征的话，那么几乎所有副翼羽上有棕色痕迹的鸟儿都尚年幼。不列颠博物馆中收藏了人们赠送的精致的绿宽嘴鸫样本，我认为这些样本就是霍奇森先生所描述的对象：

"绿宽嘴鸫的躯干比明亮的鹦鹉绿色稍浅一些，在腹部和大腿部位变成铜蓝色；羽冠、两颊和颈部为明媚的蓝色；翅膀和尾羽上部相同，但是颜色略浅，有灰色的光泽，内侧和末端均为黑色；从眼睛直到鼻孔均为黑色；翅膀浅色部分的斑纹也是相同的颜色，长覆羽和小翼羽端部都是相同的颜色；腿部为肉棕色；虹膜为棕色；雌雄鸟外形比较相似。"

小灰山椒鸟

英文名 | *Swinhoe's Minivet*　　拉丁文名 | *Pericrocotus cantonensis*

小灰山椒鸟

鸣禽／雀形目／山椒鸟科／山椒鸟属

山椒鸟的羽毛颜色一般包括两类，一类像当前的这一种小灰山椒鸟一样颜色朴素暗淡，而另一类则如灰喉山椒鸟一样羽毛的颜色极为绚丽，在整个鸟类家族中也极少有鸟类能与之相比。这种鸟儿在自然界中扮演着十分重要的角色，能够消灭掉大量的昆虫和它们的幼虫。

斯温霍先生在他的中国鸟类目录中对小灰山椒鸟做了以下的描述："在中国的广东这一物种很常见，而我也仅仅在那里见过这一物种。这一物种的大部分雌鸟会长出黄色的羽毛。它们的皮毛颜色可以说明它们的性别，因为雄鸟的前额为白色，头部为黑色。我没有见过小灰山椒鸟的幼鸟，但是我判断幼鸟与雌鸟一样身上明显也有黄色的羽毛。"同样地，斯文森先生还描述了另一个物种，其实这些鸟儿正是小灰山椒鸟的幼鸟。他评论道："所有这些物种的鸣声都十分相似，主要以臭虫和它们的卵为食。这些鸟儿成群地扫荡整个国家，在树叶和树枝间攀爬倒立着寻找食物。"

我要感谢斯温霍先生针对这一物种所做的如下笔记："1869年5月20日，我们逆流而上探索长江。当我走在一位乡绅的花园旁，和他的所有家人一起去看那个他们以前从没有见过的怪物时，我注意到了一对这样小小的灰色的鸟儿。它们正焦急地飞来飞去，发出叽叽喳喳的鸣叫声，仿佛正承受着巨大的痛苦。我大约猜出了原因，于是四处张望，发现一棵梨树的树冠断掉了，树桩上面堆放着一大团东西，看上去是苔藓和地衣，而这一团物质就是这一对鸟儿的巢穴。一个笨拙的年轻人爬了上去，将巢穴扔了下来。这个巢穴并没有完全建成，但是看上去仍然不错，于是我很乐意将它展示给你们看。我还很残忍地将这一对漂亮的鸟儿捕获了。"

插图中展示了雌雄性小灰山椒鸟及其巢穴。

寿带

英文名 | *Asian Paradise-flycatcher*　　拉丁文名 | *Terpsiphone paradisi*

寿带

鸣禽／雀形目／王鹟科／寿带属

这一十分精致优雅的鸟儿分布在印度地区，从喜马拉雅山脉相对温暖的地带到印度半岛的最南部适合它们的生活习性和生活方式的山林地区都能发现它们的踪影。据说寿带鸟格外喜欢茂密的竹林，但是人们在花园、灌木丛和其他人类耕作的环境中也能看见它们。

马德拉斯的杰顿先生对这一物种所做的描述是目前为止最为精准到位的，他说："在生活习性方面，寿带鸟总是十分活跃，四处游荡，持续地在不同的树木和树枝间活动。它们以各种昆虫为食；它们通常在空中飞舞着捕捉食物，有时也会在树枝上守株待兔。我见过的寿带鸟要么单独觅食，要么成对出现。据说它们在竹林中繁殖。它们的鸣声大而沙哑，十分刺耳，我从来没有听过它们发出其他的鸣声。在捕捉昆虫时，它们的鸟喙咬合，会发出较大的响声。"博伊斯上校也说寿带鸟会起起伏伏持续地滑翔，它们的尾羽极长。

在霍奇森先生现收藏于大不列颠博物馆的画作中，我发现了一幅画，绘制的是这一物种的巢穴。这个鸟巢的结构就像一个杯子，圆润而且干净，筑巢材料是青草，内衬是植物纤维和相似的物质，外层有装饰性的扁平白色地衣片。鸟卵为葡萄红色，大的一端有小小的深棕色斑点。

我要感谢加尔各答的布莱斯先生寄给我一幅十分准确的画作，我才获得了这一物种具体的羽毛颜色信息。

插图中展示的是两只雌雄性鸟儿和两只站在远处的幼鸟。

大仙鹟

英文名 | *Large Niltava*　　拉丁文名 | *Niltava grandis*

大仙鹟

鸣禽／雀形目／鹟科／仙鹟属

大仙鹟是目前鸟类学家们已知的同属物种中个头最大的一种，不过它们的羽毛色彩也许算不上是最鲜艳的。喜马拉雅山脉的南部山麓，尤其是这一山脉的东部地区，是该物种的自然栖息地，在尼泊尔和不丹茂密的森林中也能发现这一物种的身影。我拥有的许多大仙鹟样本上也系着标明它们来自大吉岭的标签。格雷斯先生告诉我在海拔2400～3000米的地方最常见到这一物种，但是，无论哪里，这一物种的数量都不算丰富。通常人们只能在视野中发现一对这样的鸟儿，而且它们很少会与其他的鸟儿一起出现。据霍奇森先生说，它们的食物包括各种昆虫。它们通常在树叶间和草地上觅食，但是从来不会飞行着追逐猎物。在冬季它们也会吃一些柔软多汁的浆果和坚硬的种子。

这一物种与同属的其他物种一样，雌鸟的羽毛与雄鸟的羽毛有十分显著的差异，然而雌鸟和雄鸟的外形特征却出乎意料地一致，它们的颈部两侧都有美丽的亮蓝色斑纹，看起来奇异又有趣。除此以外，它们也与自然界中的大多数鸟儿一样，虽然成年雌鸟和雄鸟的羽毛颜色有明显差异，雄性幼鸟却总是与雌性幼鸟十分相似，以至于只有通过解剖才能将它们区分开。

刚刚离巢的幼鸟总体羽毛为棕色，头部和身体上的所有羽毛上都有栗色的泪珠状纵向斑点，这一特点与许多岩栖的鸟儿相似。

插图中展示的是两只成年雄鸟和一只雌鸟。

小仙鹟

英文名 | *Small Niltava*　　拉丁文名 | *Niltava macgrigoriae*

小仙鹟

鸣禽 / 雀形目 / 鹟科 / 仙鹟属

1835年下半年，伯顿先生在伦敦动物学会每个月两次的会议上首次让科学家们注意到了这一物种。伯顿先生最初描绘的小仙鹟样本是查塔姆皮特堡的收藏之一，我插图中的雄鸟也是参照同一个样本绘制的，而插图中的雌鸟则是参考不列颠博物馆中的一个样本绘制的。这一样本仅仅是霍奇森先生寄到这个国家的众多珍稀样本中的一个。

喜马拉雅山脉南麓、阿萨姆邦和尼泊尔似乎是这一美丽的小物种的自然栖息地，它们的生活习性、特点和食物无疑都与同属的其他物种十分相似。

雄鸟头冠部、后颈、背部、肩胛部位、翅覆羽和尾羽外侧羽片都是美丽的深蓝色；前额、眼上斑纹、颈两侧的斑纹和尾部都是铜蓝色；翅膀为棕色；尾羽内羽片为黑色；眼端为黑色；喉部为黑色，略微有蓝色的光泽；胸部为蓝灰色，逐渐变浅，在下尾部覆羽上几乎变为白色；鸟喙为棕黑色；足部为浅棕色。

雌鸟的前额、两颊、颌部和喉部为沙黄色；整个上体表为棕色，在尾羽处渐变为红褐色；颈两侧各有一个小小的百合色的斑纹；下体表为黄褐色。

插图中展示了一对雌雄鸟儿。

北非橙簇花蜜鸟

英文名 | *Palestine Sunbird*　　拉丁文名 | *Cinnyris osea*

北非橙簇花蜜鸟

鸣禽／雀形目／太阳鸟科／双领花蜜鸟属

我要感谢诺福克的阿姆赫斯特先生和夫人从叙利亚获得的几个这一美丽但是鲜少被人知晓的鸟儿的样本以及一株如图中我所描绘的植物。崔斯特瑞姆先生对科学界有着不小的贡献，他于1865年发表了对这一物种十分有趣的描写，我将其中一些有趣的段落摘录在这里：

“我们真正了解这一种太阳鸟科物种始于杰利科，那是一年当中的最后一天，我们在我们的营地附近捕获了6只这样的鸟儿。我们从来没有在近水源以外的地区见过它们，但是在面向死海的某个深深的峡谷中，哪里有几株柽柳、小枣树或优雅的鹰爪豆掩映着的一泓泉水或者一个淅淅沥沥的水潭，那里一定栖息着几只这样的鸟儿。然而杰利科西北部大片的绿洲和死海东南部地区都栖息着大量的北非橙簇花蜜鸟，尽管在这一地区几乎每棵树上都栖息着一些这样的鸟儿，但是它们在哪里都算不上是喜欢群居的物种。它们总是吵闹而好斗，雄鸟大声鸣叫着互相追逐，就像欧洲的知更鸟一样对于自己的主权绝不退让。它们的鸣声清晰而单调，与鹪鹩的鸣声十分相似，但是更加尖锐，常常会让人想起蓝冠山雀的鸣声，但是相比之下，北非橙簇花蜜鸟的鸣声又多了许多嘶嘶声。它们从日出一直鸣叫到日落，凭着这声音我们很容易能够发现雄鸟的所在；但是要看清楚它实在不容易，因为它总是无休止地在最茂密和难以穿透的树丛中跳来跳去，又突然地飞过一片空地落到另一棵树上。雄鸟总是十分活跃，当它们在树枝间攀缘跳动着寻找昆虫时，相比旋木雀，它们的动作看起来更像某些山雀。与红翅旋壁雀一样，它们每次展开或闭合翅膀总是伴随着奇怪的拍翅动作。有时我还看见两只雄鸟为了争夺一只雌鸟的芳心而站在树冠上歌唱，竖起它们美丽的橙色和红色腋羽。这一部分的羽毛也只有在这样的时候才会让人看得如此明显。

“我们在约旦河沿岸的树林中发现了大量的北非橙簇花蜜鸟，但是它们从不会来到离这条河流很远的地方，我们也证实了它们的夏季栖息地要比我们预料的宽广得多。3月份的一天，我在迦密山南侧的面向沙伦平原的斜坡上捕猎，在靠近这个平原边缘距海不远的地方捕获了一对这样的鸟儿。它们是我在离约旦河河谷这么远的地方见到的唯一一对这样的鸟儿，但是我有依据相信小亚细亚也栖息着一些这样的鸟儿，因为,一个在伊兹密尔的法国收藏家向我描绘了一只他曾经从内陆获得的鸟儿，这只鸟儿我认为只可能是这一物种的雌鸟。

“4月份我回到杰利科附近，并在13日的下午发现了不少于7个鸟巢。其中一个巢穴中有3枚卵，另一个有两枚正在被孵化的卵，第三个巢穴正在营建中，另外4个巢穴中全部是幼鸟。巢穴所在的环境都极为相似：枣树多刺的枝条从树干周围垂下来，而鸟巢就悬垂在一个从树冠中央垂下来的枝条末端。这些枝条离地面很近，以至于我都不得不趴下来，爬到巢穴底部。这样的巢穴让四处游行的蛇和蜥蜴完全无法靠近，而这个巢穴十分整洁，内部极为紧凑；一侧有一个小洞，长长的稻草和纤维系在垂下的枝条末端，整个鸟巢就牢牢地编织在其中；在完成时，一些树叶和凌乱的稻草被稀疏地搭在周围，以防止被人们观察到。

“北非橙簇花蜜鸟的外形和大小都与紫花蜜鸟相似，但是腋羽的上部分是深红色，而不是橙色，背部和喉部的金属光泽为亮绿色而不是深紫色；在北非橙簇花蜜鸟身上只有前额和胸下部羽毛是紫色的。”

插图中展示的是一只雌鸟和一只雄鸟。

猩红太阳鸟

英文名 | *Vigors's Sunbird*　　拉丁文名 | *Aethopyga vigorsii*

猩红太阳鸟

鸣禽／雀形目／太阳鸟科／太阳鸟属

在写作关于澳大利亚的鸟类的特点时，我常常需要说明物种的分布地。一个物种的分布地常常局限于这个大陆的东部或西部，而我发现栖息在印度半岛的许多鸟类也是如此。据我了解，猩红太阳鸟的栖息地就仅仅分布在印度的西部地区，而另一种相似的鸟儿则仅仅分布在这一伟大国度的东部和东北部地区。

赛克斯上校首次发现了这一物种，并且首次让整个科学界了解了它们。赛克斯上校将自己在德干半岛所观察到的鸟类写进了他十分珍贵的作品中，让我们对印度的鸟类有了更深的认知。

赛克斯上校说，这一物种栖息在高止山茂密树林中的高大树木上，他在解剖过的猩红太阳鸟胃里发现了苍蝇幼虫、蜘蛛、蚂蚁和小昆虫。

猩红太阳鸟的前额和头冠部为深亮绿色；两颊、颈两侧及后颈、背上部和小翼羽、翅膀和背下部为橄榄棕色；上尾羽覆羽和中央尾羽从基部的3/4部分为深亮绿色；其他的尾羽为棕色，外羽片基部有紫色的光色；尾部有一个淡黄色的扇形斑纹；喉部和胸部为血红色，中央以下有硫黄色的斑纹；耳部覆羽有一小块明亮的钢蓝色新月形斑纹，喉部两侧的红色羽毛中有一条狭窄的、为同样璀璨的光泽的线条；肩膀下表面为白色；下体表为深棕灰色；鸟喙为黑色，而下颌基部为淡黄色；虹膜为深棕色；足部为黑棕色。

雌鸟的整体羽毛为均匀的橄榄绿色，只有肩部下表面为绿白色，尾羽有深色或棕色的光泽。

插图中展示了两只雄鸟和一只雌鸟。

紫花蜜鸟

英文名 | *Purple Sunbird*　　拉丁文名 | *Nectarinia asiatica*

紫花蜜鸟

鸣禽／雀形目／太阳鸟科／双领花蜜鸟属

这一美丽的小鸟儿十分普遍地分布在整个印度地区，因此要依次点明它们出现过的地方是完全没有必要的。自然史上的众多科学作家们都注意到了这一物种，因此它们被赋予了许多不同的名字，下面的笔记也将证明它们受到了来自印度的鸟类学观察者们的共同关注。

已故的肖尔先生4月份在哈德瓦射杀了几只紫花蜜鸟，在6月19日时他写下了这样的文字："我发现这一物种在旁遮普比较温暖的地区很常见，而且在喜马拉雅山脉温暖的山谷中，在西部各地区和纳巴达河地区都栖息着这样的鸟儿。它们像蜂鸟一样在花丛上方盘旋吸食花蜜；我也曾在无花的枝丫间观察到过这些鸟儿，它们显然是在捕捉小昆虫。胸部两侧的黄色和橙色斑块在翅膀闭合时几乎完全看不到了。"不过，当紫花蜜鸟的身体做出各种各样的动作时，这些斑块就会非常清晰地展露出来。

布莱斯先生说，这种鸟儿"只在寒冷的季节里来到加尔各答地区，那时候这种鸟儿应该说很常见。在尼泊尔，紫花蜜鸟或许只是一种夏候鸟；它们分布地的最西边在印度河，最南边到斯里兰卡，但是我从来没有在孟加拉湾的东侧见到过这一物种"。

已故的博伊斯上校则做了以下有趣的笔记：

"1岁的雄性幼鸟与雌鸟很相似，但是第二年雄鸟就会长出成熟的羽毛。换羽从胸脯和喉部开始，这两个部位首先长出成熟的明亮羽毛。

"这种鸟儿以花蜜和出现在花儿周围的小昆虫为食，它们会将长长的舌头伸进花朵中吸食花蜜。尽管它们几乎总是栖坐下来进食，但是我也几次观察到它们像蜂鸟那样悬停在空中。

"1829年我轻微地弄伤了一只雄鸟的小翼羽，又将它捕获带回了家。在之后的4天里我竟完全忘记了它，等我想起来再去它所在的袋子中查看时，它不仅没有死掉，翅膀上的伤也愈合了。刚刚带它回到家时，这只鸟儿的断翅就被用剪刀剪掉了，我将它放进了笼中，用蜜糖和水来喂养它，它成功地活了几周。但是或许是因为食物的种类太单一，它变得越来越瘦弱，最后死去了。在圈养的这段日子里，它表现得十分活泼，从第一天开始它就会主动地将舌头伸进盛放蜜糖的碟子中吸食糖浆。

“紫花蜜鸟的巢穴很粗糙，内侧用干草营建，外侧覆盖着蜘蛛网。这些巢穴通常建在我们难以接近的地方，甚至也难以被观察到。

“雄鸟的歌声尽管只由几个音符组成，但是却十分的甜美。”

插图中展示了两只雄鸟和一只雌鸟。

暗绿绣眼鸟亚种

英文名 | *Chinese White-eye*　　拉丁文名 | *Zosterops japonicus simplex*

暗绿绣眼鸟亚种

鸣禽 / 雀形目 / 绣眼鸟科 / 绣眼鸟属

我们能看到下面的几段关于这一物种的描写，还要感谢斯温霍先生所做的研究：

“暗绿绣眼鸟亚种分布在中国从广州到福州之间的地区，或许在此以北的地区也栖息着少量这样的鸟儿，但是在上海，它们被红胁绣眼鸟取代了。在台湾省和海南省，暗绿绣眼鸟亚种的数量十分丰富。与灰腹绣眼鸟一样，它们的下体部位也为灰色。我收藏的来自厦门的物种中偶然也会有一两只鸟儿的下体部位带有栗棕色，有一些鸟儿腹部颜色比大多数鸟儿更深。喉部的黄色羽毛和上体部位的绿色羽毛在不同的个体上颜色深度也不同，但是这些都是基于性别和年龄产生的变化。我拥有一只颜色较浅（几乎为黄色）的样本，这只鸟儿是布莱基斯顿先生在广州捕获的。所有的成年鸟儿都有黑色的眼端和眼线。我拥有来自香港、澳门、广州、厦门、福州和台湾的样本，这些鸟儿在主要特征方面都完全吻合。

“在香港，这一物种的数量十分丰富。冬季它们时常成群地在路边的树木间飞舞，搜寻着每一根树枝，寻找上面的蚜虫和其他的小昆虫。在寻找食物时，它们会以各种姿态旋停下来，同时发出一种独特的鸣叫。在春季，它们的鸣声短而甜美。当许多这样的小家伙们正在树枝和树叶间忙碌着寻找小昆虫时，它们十分和谐的黄色和绿色羽毛以及黑色的眼睛周围雪白色的环纹都让站在树下的观察者可以轻松地观察到它们。4月2日，我的运气好极了，竟然在一棵树叶庞大的树木的枝干末端发现了一个鸟巢。这个鸟巢距离地面大约有2.4米，系在几根叶茎上，第一眼看去就像某种昆虫的巢穴。这个鸟巢包含了一个用柔软的青草、蜘蛛网和苔藓建成的杯状结构体，与蜂鸟的鸟巢很相似。这个漂亮的小建筑中盛放着两枚白色透明的卵。

“在圈养时，这种鸟儿很快就变得驯服，甚至将几只圈养在一起时也是如此，在中国南部的大部分城市中这种鸟儿都被看作是一种笼鸟。在进食时，它们尤为活跃；但是在饱食之后，它们就会心满意足地栖坐在栖木上，侧身悄悄走到同伴跟前，然后轻触抚摸上对方一会儿。当它们的羽毛都蓬松竖起时，又会将脑袋伸进翅膀下开始休息。它们的休息时间并不长，总是会突然地惊醒过来，然后再次进食。雄鸟常常会昂起脑袋，唱起轻柔婉转的小曲儿。暗绿绣眼鸟亚种十分喜欢洗澡。在食物方面，除了昆虫，它们还格外喜欢水果，尤其是芭蕉和香蕉。这些食物几乎能提供它们全部的身体需要。”

我要感谢斯温霍先生允许我复制了他的一幅这一物种的鸟巢的画作。这一鸟巢也许就是上文中提到的鸟巢。

插图中展示了雌雄鸟儿和一个鸟巢。

白喉啄花鸟

英文名 | *Legge's Flowerpecker*　拉丁文名 | *Dicaeum vincens*

白喉啄花鸟

鸣禽／雀形目／啄花鸟科／啄花鸟属

白喉啄花鸟是一种十分有趣的鸟儿，它们栖息在锡兰岛。这一物种是以文森特·莱格先生的名字命名的，他不仅发现了斯里兰卡的许多鸟类，也出版了非常优秀的完整的该地区鸟类志。1872年11月，他在从亭可马里给我寄来的一封信中写道："我从斯克莱特博士那里获悉你打算描绘我的这一种小鸟儿，白喉啄花鸟。我想，寄给你一些这种鸟儿常常栖息之上的树叶和我首次发现它们时它们正停留于上的花朵对你会有帮助。我将花与叶子一同装入了信封中。这些叶子原本是暗绿色的，它们长在高大笔直的森林树木上，在包绕着树干的长长卷须上每隔大约30厘米就能看到一片这样的叶子。一棵匍匐植物将整棵大树完全包绕了起来，看起来比常春藤更加旺盛，因此整棵大树看起来就像一个漂亮的植物柱子。这种植物的花儿是黄红色的，结有许多种子，与金盏花有些相似。10～15只这样的小鸟儿常常出现在同一棵树上，它们在花朵周围扭动翻转身体，背部朝下，动作灵活地贴附在花朵上，这是同科鸟类独有的特点。我最近追随着它们来到了南部地区的某个不闻名的丘陵地区，那里的海拔有760多米，但是它们更多地分布在斯里兰卡南部的森林地区，因此它们在该岛屿上的分布极为有限。它们的鸣声较小，在风大的时候只是刚刚能被听见，树枝间的噪声几乎将这小小的声音淹没了。"

我要感谢斯克莱特先生借与我这一物种的珍贵样本。插图中展示了两只雄鸟和一只雌鸟，但是我很遗憾莱格先生提到的植物没能出现在这幅插图中。

丽䴓

英文名 | *Beautiful Nuthatch*　　拉丁文名 | *Sitta formosa*

丽鸲

鸣禽／雀形目／鸲科／鸲属

近20年来，在印度各科学领域中尽管都有伟大的发现，但是没有哪几种发现能比插图中这种美丽的丽鸲更加有趣。我(显然其他的鸟类学家们也同样）十分意外地看到了这一种羽毛如此优雅的鸟儿，它的外表显然与其近亲们有着明显的不同。但是除了羽毛颜色的差异外，在身体结构方面，这些鸟儿之间并不存在较大的差异。至于是哪一位鸟类学家首先发现了这一物种，是霍奇森、查尔顿还是格雷斯，这个我说不准，他们的收藏几乎同时被寄送到这个国家。我见过的所有样本加起来数量不足一打，但是它们却来自世界各地。其中一只收藏于不列颠博物馆，这一只应该是雌鸟，因为它的羽毛光泽更绿一些，新月形的白色斑纹更模糊一些；另一只是德比伯爵的收藏；第三只是费城的威尔逊博士的著名收藏之一；第四只是我的插图参照的样本，属于赛罗普郡的印度鸟类珍藏。而在此我还必须要感谢善良的查尔顿夫人，感谢她首肯将这只鸟儿从箱中取出，并寄来伦敦给我，如此我才能将它栩栩如生地描绘在这部作品中。这些样本分别来自尼泊尔、斯里兰卡和不丹，还有一些样本上贴着写有当地地名“大吉岭”的标签。

1842年，布莱斯先生在向孟加拉的亚洲学会做每月一次的报告时说：“尽管这一物种的上体表羽毛颜色很独特，体型也相对大一些，但是它们与同属鸟类之间不存在足够充分的不同之处使它们成为一个独立的属。

“丽鸲的上部颜色为黑色，有深深浅浅的深蓝色美丽斑驳的光影；主翼羽和尾部为铜绿色；翅膀覆羽和三级飞羽端部边缘有优雅的白色斑纹；下部为明亮的锈黄色，胸部颜色略浅，喉部颜色接近白色；额部的羽毛端部为白色，眼周同样为白色，眼睛上方似乎有一条模糊的白色眉纹，带有一些黄褐色；头冠部和背部为深黑色，每根羽毛端部为明亮的深蓝色，形成大而尖锐的三角形斑块；背部这些斑块更接近铜绿色，肩膀部分颜色变浅，为白色；翅膀覆羽为黑色，端部边缘为对比鲜明的白色羽毛，侧面边缘多多少少也是如此，大翼羽有同样的明亮淡紫色斑纹，三级飞羽的白色边缘中以及内羽片端部也为淡紫色；中央尾羽为淡紫色，有黑色的中央条纹，其他的羽毛为黑色，外侧边缘为蓝色，端部为暗蓝色，最外侧羽毛内羽片端部有一个较大的白色斑点；相邻的羽毛有一个更小的同色端部斑点；虹膜为黑色；鸟喙为黑色，下颌底部颜色苍白；腿部为角质色，足底为黄色。”

黄腹山雀

英文名 | *Yellow-bellied Tit*　　拉丁文名 | *Pardaliparus venustulus*

黄腹山雀

鸣禽／雀形目／山雀科／黄腹山雀属

山雀科的鸟儿种类十分丰富；无论在新大陆的北部地区还是旧大陆，自然学家们每走进一片树林就能够发现一种或几种这一个庞大家族中的物种。不过，澳大利亚和新西兰并没有发现黄腹山雀，而且据我所知，在波利尼西亚和南美洲也见不到这一物种的踪影。

我们要感谢斯温霍先生在中国发现了这一新物种，下面的简短笔记是斯温霍先生针对这一物种所做的：

“这一迷人的物种栖息在长江两岸的陡峭山崖上。它们是一种十分活跃的小鸟，呲呲的鸣声极为独特。它们黄色的腹部会让人想起栖息在喜马拉雅山脉上的绿背山雀；但是黄腹山雀不具备黑色的中央斑纹。我最初几乎不相信它们是一个独立的物种，因为我们在中国台湾发现了与绿背山雀极为相似的绿背山雀亚种，因此我认为这种中国中部地区的身披黑色和黄色羽毛的山雀要么是这一亚种，要么是喜马拉雅山的绿背山雀。

“头部、喉部、胸脯部位、颈部和背部为深黑色，有蓝紫色的光泽；两颊、颈两侧、中央枕骨羽毛边缘、颈背部中央的大块斑点以及一些上背部羽毛的端部为白色，颈背部和背部的白色羽毛上略微有黄色的光泽；背下部、尾部和肩胛部位为精致的蓝灰色，带有部分黄绿色；翅膀覆羽和三级飞羽为深黑色；小覆羽端部有大块白色，大覆羽和三级飞羽端部为浅绿黄色；羽茎为深棕色；副翼羽边缘为黄绿色，端部略微为白色；主翼羽基部边缘为黄绿色，边缘有狭窄的白色，端部为白棕色；上尾羽覆羽为深黑色，端部略微为绿色；尾羽为黑色，靠近基部的一半颜色更深更浓，端部的边缘为绿灰色，端部为浅黄色；第五支舵羽中央边缘为白色，向外侧舵羽逐渐增多，第一支舵羽大部分外羽片都为白色；下体表为精致的硫黄色，在两侧和侧腹渐变为橄榄色；腋羽和腕骨边缘为黄白色；飞羽的内羽片下边缘为白色；鸟喙为蓝黑色；虹膜为黑棕色；腿部、爪趾和脚爪为深灰色。”

冕雀

英文名 | *Sultan Tit*　　拉丁文名 | *Melanochlora sultanea*

冕雀

鸣禽／雀形目／山雀科／冕雀属

鸟类学家们十分普遍地认为当前这一物种属于山雀科，斯特里克兰甚至认为它们是典型的山雀属鸟类。就我自己来说，我确定看一眼插图中鸟儿之后，哪怕普通的观察者都能够看到它们与普通的山雀之间存在着较大的差异。据说它们常常会来到大树的树冠上，会成群飞翔。我的插图是参考喜马拉雅山脉的样本绘制的。相比苏门答腊岛的冕雀，喜马拉雅山脉的冕雀样本体型更大而且颜色更美丽。

该物种的雌雄个体间存在着一些外在的差异，雌鸟的喉部为绿色，而雄鸟的则为钢蓝色。以下几个段落中包含着目前已知的关于这一华丽物种的全部信息。

杰顿先生说："这种大型的山雀仅仅栖息在喜马拉雅山脉温暖的山谷以及阿萨姆邦和缅甸、马来半岛甚至苏门答腊岛，这一物种在大吉岭附近海拔360～1200米的山谷中比较常见。小群冕雀会来到高大树木的树冠上，它们主要以昆虫为食，会发出很大的鸣声。雷布查人告诉我，冕雀在高大树木的树洞中繁殖，但是他们没能为我找到鸟巢和鸟卵。"

霍奇森先生说："它们经常栖息在山陵北部，在冬季会来到南部。它们在枝叶间搜寻食物，以柔软的树栖昆虫为食；冕雀格外喜欢毛毛虫，有时也会吃多果肉的浆果。"

1865年8月14日，比万先生在缅甸的萨尔温江上获得了一只冕雀样本，并说那里的这一物种"小群栖息在茂密的树丛中，它们十分吵闹"。怀康特·瓦尔登在他关于比万先生从丹那沙林和安达曼群岛收集来的鸟类的笔记中针对上述提到的鸟儿评论道："它是一只羽毛尚未成熟的幼年雄鸟，胸部的黄色羽毛还没有延伸到颈背部，羽毛的黑色部分还只是暗绿棕色。"他又补充道："槟榔和大吉岭的鸟儿之间没有差异，在地理上位于中间地区的丹那沙林的样本也完全一致。"

大山雀亚种

英文名 | *Ash-coloured Tit*　　拉丁文名 | *Parus major cinereus*

大山雀亚种

鸣禽 / 雀形目 / 山雀科 / 山雀属

身披灰色羽毛的大山雀与同属的其他鸟儿如此不同，它们的特征十分鲜明，因此人们很难把它们与其他的物种混淆。大山雀拥有许多亚种，其分布地也较为广泛。当前这一美丽的大山雀亚种主要分布在爪哇岛。

布莱斯先生在他的《加尔各答亚洲学会博物馆鸟类目录》中提出，这一物种分布在喜马拉雅山脉、印度中部和南部、斯里兰卡和爪哇岛。除此以外我还要补充的一个地区是克什米尔谷，因为我就拥有一个从这一地区收集来的样本，因此，这一物种的分布地实际上更加广泛。所有我在爪哇岛观察到的大山雀亚种体型都要比印度和斯里兰卡的鸟儿小得多，但是它们的斑纹和颜色十分相似。华莱士先生从龙目岛遥远的最南端收集来的大山雀样本与爪哇岛的大山雀极为相似，它们唯一的不同在于胸部黑色羽毛的多寡，因此我很自然地认为它们是同一个物种。

大山雀的雌雄个体之间并不存在可辨别的差异，但是与欧洲的大山雀一样，这一亚种的雌鸟要比雄鸟小一些。

汉密尔顿博士告诉我们："在印度北部，这一鸟类栖息在竹林中，在树洞中筑巢，以昆虫为食。"

杰顿先生说："在印度南部的山林中这一物种很常见，小家庭的鸟儿常常聚集在一起，以各种昆虫和种子为食，它们时常还会飞到花园中寻找这样的食物。我仅仅在北高止山地区见过一两次这样的鸟儿，但是在西高止山或许也栖息着一些这一物种。"

莱亚德先生说："这种山雀在锡兰岛并不算罕见，它们的生活习性与我们熟悉的鸟儿相似，小群鸟儿一起觅食，在树木间很快地飞过。"

花彩雀莺

英文名 | *White-browed Tit-warbler*　　拉丁文名 | *Leptopoecile sophiae*

花彩雀莺

鸣禽／雀形目／长尾山雀科／雀莺属

这种非常有趣的小物种代表着中亚地区独有的一个属，目前发现的这一物种的分布地仅仅是土耳其斯坦和莎车。谢韦尔佐夫博士在前一个地区首先发现了这一物种，并且对它们做了描述，后来德雷瑟先生将他的大部分描写翻译成了英文，我不认为自己可以比这位著名的俄国旅行家做得更好，因此还是将他的原文摘录在下面。

谢韦尔佐夫博士的笔记如下："在外形方面，这一物种接近山雀，但是在生活习性和鸟喙形状以及雌雄鸟之间存在的差异方面，这一物种与山雀并不一致。因此，我认为应该将这一物种从山雀属鸟类中分离出来。花彩雀莺的特点如下：鸟喙细长，宽度比厚度更大，接近末端扁平；鼻孔狭窄；鸟喙半覆盖着薄膜；上颌基部有少量羽毛，这些羽毛基部柔软，末端坚硬；腿部强壮；跗跖骨长，有粗糙的鳞片；后趾长，有一根长长的拱形脚爪，其他的爪趾也很长，但是脚爪较短；翅膀较短较宽阔；尾羽长而次第变化，由12根羽毛组成。雄鸟的头冠部为明亮的棕栗色，有淡紫色的光泽；眼睛上方有一条宽阔的黄白色斑纹；背部为灰棕色，有浅蓝色光泽；尾部为美丽的紫蓝色；两颊、颈两侧和身体两侧以及喉部为明亮的蓝色，有浅紫色或绿色的光泽；腹部中央为棕黄色；下尾羽覆羽短而柔软，为浅棕色，端部为淡紫色；翅膀为黑棕色，边缘为浅棕色；尾羽接近黑色，边缘为蓝绿色，外侧尾羽的外羽片为白色；虹膜为深棕色；鸟喙和腿部为黑色。雌鸟为淡灰色，下侧腹和尾部为浅紫蓝色；颈背部为浅棕色，眼睛上方的条纹比雄鸟的斑纹更窄；两颊和肩膀为灰棕色；喉部、胸脯部位和腹部为浅棕黄色；身体两侧为浅棕色，肛门附近的羽毛端部为蓝色；围肛羽为浅棕色；翅膀为棕黑色，边缘为浅棕色；尾羽为黑色，端部为棕色，外侧羽毛边缘为白色。"

红头长尾山雀

英文名 | *Red-headed Tit*　　拉丁文名 | *Aegithalos concinnus*

红头长尾山雀

鸣禽／雀形目／山雀科／长尾山雀属

我在我的作品《鸟类的世纪》中初次参照寄送到这个国家的唯一一个红头长尾山雀样本对这一物种做了描绘。在这本书出版之后，许多样本被送到了欧洲来，目前很少能有见不到这一物种的收藏了。它们是下喜马拉雅山脉的本地物种，我相信它们在这一地区分布十分普遍。

赫顿上校说："这一物种普遍地终年栖息在穆索里和丘陵地区。它们在4—5月份繁殖。它们的繁殖地多种多样，上个月从穆索里获得的鸟巢就位于海拔2000多米的地方。这个巢穴建在岸堤一边，粗糙的青草悬垂于其上，而在下一个月人们又从海拔1500多米的地方获得了另一个鸟巢。这一个巢穴建在环绕着一棵树木的常春藤中间，距离地面至少有4米。鸟巢的形状就像一个圆球，侧面有一个小的入口；筑巢材料是绿色的苔藓，内衬是柔软的羽毛。鸟卵共有5枚，为白色，带有一点粉色和稀疏的淡紫色斑点或斑块，大的一端有一个宽阔清晰的淡紫色环纹。"

我观察过的无数样本之间只存在着十分细小的差异，因此我倾向于认为两性个体十分相似，从外表上几乎无法区分。

红头长尾山雀的前额、头冠部和颈背部为深锈红色；眼端、眼周、耳部覆羽和颈部两侧为深黑色；从上眼角后面开始沿着红色的颈背部和颈一侧黑色的羽毛之间有一条醒目的白色斑纹；颌部和喉部两侧为白色；喉部中央有一大块黑色的斑点；喉下部为黄白色，在腹部变为浅红棕色；背部、翅膀和尾羽覆羽为灰色；主翼羽和副翼羽为灰棕色，内侧边缘为黄白色；尾羽为深棕灰色，外侧羽毛边缘和端部为白色，两侧各两支羽毛端部有倾斜的白色斑块；鸟喙为黑色；腿部和足部为发黄的肉色。

中华攀雀

英文名 | *Chinese Penduline-tit*　　拉丁文名 | *Remiz consobrinus*

中华攀雀

鸣禽／雀形目／攀雀科／攀雀属

斯温霍先生是这样描述他第一次见到当前这一物种的情景的："当我走在位于宜昌城下游的城镇市场中时，在一家商店的柜台上看到了一对这样的小小的中华攀雀，我得知它们就是在附近地区被捕获的。我发觉这一发现十分有趣，因为这一情况与灰喜鹊类似，在欧洲它们只栖息在西班牙和葡萄牙，后来它们又出现在了中国的长江及以北地区，在日本也能看到它们的身影，尽管它们的样子发生了略微改变。欧洲的攀雀只栖息在欧洲南部，然而我们同样再次在距离海洋1300多千米的长江河岸上发现了样貌大为不同的相似物种。"

甚至在斯温霍先生辨别出这一物种之前，拉德博士就已经在东西伯利亚地区见到过这一物种，然而他并没有将这一物种与欧洲的鸟儿区别开。他写道："大约9月中旬，小群这一山雀出现在柳树林中。它们在色楞格的岛屿上繁殖，主要用编织在一起的羊毛马鬃以及干草茎来筑巢。"

如下是斯温霍先生对这一物种的描述：

"雄鸟，头冠部为浅灰色，有少数浅黑色的条纹和少数更宽阔的白色条纹。鸟喙、眼端、眼睛下方、耳部覆羽以上以及稍后一点的地方横贯了一条黑色的斑纹。背部和肩胛部位为浅黄褐色，一条深黄褐色或栗色的颈部环纹一直延伸到后颈部；翅膀覆羽为黑棕色，小覆羽边缘为宽阔的黄褐色斑纹，大覆羽从基部开始的一半为深黄褐色，端部的一半为浅黄色。尾羽为发棕色，边缘为浅黄色。下部为浅黄棕色，喉部接近白色，接近颈部环纹的胸脯部位两侧为深黄棕色或栗色；腕骨关节和身体两侧为浅黄色；下边缘至飞羽为浅黄白色。

"雌鸟的头部和后颈部为暗灰色，头冠部的深色斑点更小；背部颜色更深、更灰暗；颈部环纹和胸部斑点消失；眼部条纹为棕色而不是黑色，上下部的白色斑纹更模糊；其他部分与雄鸟相同，只是没有那么明亮。"

黑枕黄鹂

英文名 | *Black-naped Oriole*　　拉丁文名 | *Oriolus chinensis*

黑枕黄鹂

鸣禽／雀形目／黄鹂科／黄鹂属

黑枕黄鹂无论如何都不算是收藏家眼中的常见鸟类；然而它们依然是科学界最初熟悉的黄鹂之一，100多年以前布里森就将它描绘了出来。从这位作者的记述中，我们得知他描述的这一来自中国的物种实际上是一种菲律宾的鸟儿。

当皮布尔斯侯爵发表了自己关于菲律宾群岛的鸟类论文时，人们知道这一物种栖息在吕宋岛、吉马拉斯、内格罗斯岛等地，迈耶博士从这些地方均获得了黑枕黄鹂样本。斯蒂尔博士甚至从棉兰老岛和巴拉巴克捕获了这样的鸟儿。皮布尔斯勋爵对这一物种的羽毛做了一番非常有趣的描述，我将他的原文抄写在下面："迈耶博士捕获的许多样本展示了该物种头部黄色和黑色羽毛的不同比例。吕宋岛的一只雌性幼鸟中央尾羽带有一些绿色，前额的黄色羽毛一直延伸到嘴峰。吉马拉斯的一只完全成熟的雄鸟中央尾羽和飞羽为深黑色，背部羽毛为美丽的金黄色，只有前额为黄色。这一样本在黑色和黄色羽毛的分布上几乎与苏拉岛的样本完全一致。不过，苏拉岛的一对样本的中央尾羽完全为黑色，而菲律宾的样本该部分羽毛端部多多少少都有一些黄色；除此以外，菲律宾的样本个头要大得多，翅膀和鸟喙更长。一对中央尾羽的端部黄色斑纹有大有小。内格罗斯岛的一只雄鸟身着成熟的金橙色羽毛，但是中央尾羽的端部只有边缘为黄色。吕宋岛的一只雄鸟羽毛相似，但是两只中央尾羽的黄色末端条纹有大约1厘米宽。"

插图中的鸟儿是参照我收藏中的一只来自马尼拉的美丽样本绘制。

朱鹂亚种

英文名 | *Red Oriole*　　拉丁文名 | *Oriolus traillii ardens*

朱鹂亚种

鸣禽／雀形目／黄鹂科／黄鹂属

我认为这种美丽的鸟儿是斯温霍先生众多重要的发现中最为有趣的一种，因为这种鸟儿要比它们栖息在喜马拉雅山脉地区的近亲们更加美丽。它们的自然栖息地是中国的台湾岛和海南岛。生活在这三个地区的鸟儿体型上存在差异：喜马拉雅山脉地区的朱鹂体型最大，中国台湾地区的鸟儿次之，海南岛的朱鹂还要更小一些。

与喜马拉雅山脉地区的栗色物种相比，中国台湾岛和海南岛的红色羽毛的朱鹂颜色更加明媚，因此一眼看过去就能将它们区别开，然而在其他各方面这些鸟儿都是十分相似的。

斯温霍先生在《中国台湾岛和海南岛鸟类笔记》中对这一美丽的朱鹂做了描述：

“这一鸟儿是中国台湾高山地区的居民，它们常常到访那里高山谷中的灌木丛林。声名远播的番樟树常常会高过树林中错综缠绕的其他树木高耸入云，这些美丽的鸟儿就在这些庞大的枝干间伸展开华丽的羽毛飞翔。夏季它们来到最高的山上，一些山峰上甚至仍然覆盖着积雪。冬季它们则来到低海拔的山地上。在生活习性方面，朱鹂与黄鹂十分相似，也以浆果为食，主要是无花果。它们的鸣声大而沙哑。

“在去往台湾地区山脉的旅途中，我在一个村庄借宿。清晨很早的时候，我沿着山陵漫步到一片精美的树丛，在一株高大的木棉裸露的枝条上我看到了一只朱鹂，它明媚的猩红色羽毛与树上的暗红色花朵和浅绿色树叶形成了十分美丽的对比。我急忙返回去拿了枪，将它射了下来。它身体下部的白色羽毛和斑纹都显示它是一只幼鸟。不过最大的问题已经得到了解决。我之前相信了传闻，以为它的虹膜是红色，现在我发现它的虹膜是白色，和它的近亲们一样。眼睑附近有一圈黑色的环纹；眼睑为铅色；鸟喙为明亮的法国蓝色；舌头发黄，端部为宽阔黑色叉形。胃部塞满了小无花果。将它捡起来时，这只受伤的朱鹂就像黄鹂一样尖声鸣叫。

BIRDS OF ASIA

VOLUME Ⅲ

OSCINES (Ⅱ)

卷 三

鸣 禽 （Ⅱ）

斑鸫

英文名 | *Dusky Thrush*　　拉丁文名 | *Turdus eunomus*

斑鸫

鸣禽／雀形目／鸫科／鸫属

当前这一物种十分普遍地分布在整个西伯利亚地区、中国北部地区和日本岛。人们在德国各个地区都捕获了一些迷路的鸟，从它们这种四处游荡的生活习性来看，它们的分布地远远不会局限于此。与许多其他的俄国—亚洲地区的鸟类一样，这一物种拥有多个不同的名称。帕拉斯于18世纪发现了这一物种并且在他的《俄国—亚洲动物志》中对这一物种做了准确的描述。

特明克和施莱格尔在它们最近发表的珍贵的《日本动物志》中写道："从荷兰的自然学家们在日本捕杀了大量斑鸫样本来看，这一鸟儿在该地区数量十分丰富，而它们在欧洲露面完全是偶然。"霍奇森先生说这一物种在喜马拉雅山脉地区非常罕见，另外普莱弗尔博士在舟山也收集了一些斑鸫样本。

雄鸟的头部和上体表为深黑棕色，每根羽毛宽阔的边缘都为淡灰棕色，靠近深色羽毛的部分带有部分红色；翅膀覆羽、副翼羽和主翼羽为深棕色，外侧宽阔的边缘为红棕色，在端部变为灰棕色；翅膀下表面为红棕色；眼睛上方有一条宽阔的斑纹；两颊、颌部和喉部为浅黄白色；眼端和耳部覆羽为棕黑色；侧腹羽毛为棕黑色，边缘为灰白色，在接近肛门部位的羽毛上，灰色的边缘逐渐变大变明显；腹部为白色；下尾羽覆羽为深红棕色，边缘为大块的白色；尾羽为深棕色，外侧边缘基部为红棕色；鸟喙为橄榄黄色，端部渐变为黑色；足部为深肉色。

雌鸟在颜色方面与雄鸟相似，只是眉骨部位的斑纹和喉部颜色更黄一些，喉部两侧有一系列小小的、接近三角形的黑色斑点，喉部和侧腹的颜色逐渐混合，而不是由一条清晰的分界线间隔开来。

插图中展示了一对雌雄鸟儿。

赤颈鸫

英文名 | *Rufous-throated Thrush*　　拉丁文名 | *Turdus ruficollis*

赤颈鸫

鸣禽／雀形目／鸫科／鸫属

我有幸又绘制了一种帕拉斯发现并描述的鲜为人知的鸟儿。插图参照的样本是哈特拉伯博士和不莱梅博物馆的其他管理人员寄给我的，他们是从圣彼得堡获得的这些样本。我提及此是因为俄国的样本和印度北部的丘陵高地上的样本之间存在着一些差异，后者体型更大，喉部和胸脯部位的棕红色羽毛颜色更深，几乎接近栗色；许多样本的喉部两侧也有一些深色斑点，外侧尾羽边缘略微为黑棕色。

圣彼得堡的米登多夫将下面一段关于这一物种的十分有趣的文字寄给了我：

“4月份的第二周我在西伯利亚东南部、北纬60.5° 地区的阿尔丹河附近首次看见了一小群这样的鸟儿。它们混入了斑鸫群中，并且从这种鸟群中飞过。大约4月末，它们开始求偶交配。它们会来到松柏和其他树木最茂密的枝丫间。当它们栖坐在高大树木的枝头上时，雄鸟会发出甜美的鸣声。继续向这个国家的东北部地区旅行时，我发现这一有趣的鸟儿消失了。”

帕拉斯说他常常在高大的松树林中看到它们，它们会大群一起飞往冬季栖息地，饥饿驱使着它们冒着暴风雪前行，其他的时候它们则栖息在最茂密和最遥远、幽静的森林中。

赤颈鸫的头部、整个上体表和翅膀为灰棕色；眼端、眉骨羽毛和喉部为浅栗色；胸脯部位、腹部和下尾羽覆羽为白色；两支中央尾羽为棕色；侧面的尾羽为红棕色，在靠近边缘的部位逐渐变为棕色；鸟喙为橄榄黄色，端部逐渐变为黑色；足部为肉色。

领雀嘴鹎

英文名 | *Collared Finchbill*　　拉丁文名 | *Spizixos semitorques*

领雀嘴鹎

鸣禽／雀形目／鹎科／雀嘴鹎属

科学界要感谢斯温霍先生发现了雀嘴鹎属的第二个物种——领雀嘴鹎。这一物种主要栖息在中国或者说东方。它与栖息在更接近西方地区的凤头雀嘴鹎相比，羽冠几乎没有发育，另外身体几个部分的颜色也不相同。这些差异在1861年就被记录了下来，同样被写下来的还有斯温霍先生记录的关于这一新物种的所有信息：

“布莱斯先生认为它是一种典型的雀嘴鹎，并说它们与凤头雀嘴鹎的区别在于前额呈黑色，没有羽冠，喉部有更多的黑色羽毛等。除了头部和颈部，这两个物种几乎没有不同。”在1863年的《动物学会会刊》中他说道：“它们是福州附近高原地区的本地物种，我也在台湾的高山地区捕获过这种鸟儿。雌雄鸟儿外形相似。”

要说这一物种在此以前没有被描绘过是不准确的，因为尽管它们没有出现在任何一本鸟类学作品中，但是我在中国的绘画中见到过它们美妙的身影许多次，因此我们可以推断这种鸟儿是天朝上国本土的艺术家们熟悉的创作对象。关于这一物种的生活习性、食物和总体结构目前还没有记录。

头部为黑色，在枕骨部和颈后部渐变为深灰色；前额两侧及下颌基部各有一块白色斑点；两颊有白色条纹，在颈背部两侧形成一个斑块，在颈前部汇入深灰色羽毛，形成半个羽领；上体表、胸脯部位和侧腹为橄榄绿色；主翼羽的内羽片和羽轴为深棕色；翅膀的其他部分为发黄的橄榄绿色，边缘为明亮的黄绿色；尾羽为橄榄绿色，端部有一条黑色斑纹，羽轴和内羽片边缘为棕色；下体表为明亮的黄绿色；虹膜为棕色；鸟喙为淡黄色；腿部和脚爪为浅肝褐色。

白头鹎

英文名 | *Chinese Bulbul*　　拉丁文名 | *Pycnonotus sinensis*

白头鹎

鸣禽／雀形目／鹎科／鹎属

若是我要选择一种最为常见的中国鸟类，恐怕没有哪一种能比当前的这种白头鹎更合适了。但是尽管这一物种已经多次被描绘过了，我还是不想浪费这样的机会来绘制白头鹎幼鸟和鸟巢，而我还要感谢斯温霍先生慷慨地借与了我这些样本来参考，因为尽管这一物种进入人们的视野已经很久，但我们也是在最近才完全了解了它们的特点和结构。

斯温霍先生在他最近的中国鸟类目录中给出了这一物种的栖息地分布信息："白头鹎的分布范围包括从雷州到上海，向西到四川，以及台湾地区。上海的样本身量更大，头冠部的黑色羽毛几乎遮蔽住了枕骨部位的白色羽毛；四川的样本后头部十分洁白，颈部有一个浅色的绞索形斑纹；但是所有这些鸟儿都会时常出现在厦门地区。"

我将目前鸟类学家们对这一物种所做的最好的描述摘录在下面：

"白头鹎是中国南部最常见的鹎科鸟类。据说在菲律宾群岛这一物种也十分常见，而在中国台湾地区，它们则是唯一一种鹎科鸟类，在所有低洼的土地上都栖息着大量这样的鸟儿。我的样本头部的白色和黑色羽毛比例变化较多。我还拥有一个来自厦门的特殊样本。台湾地区的白头鹎在外形上与中国大陆的鸟儿基本一致，没有自己的鲜明特征。然而这种鸟儿在海峡两岸的土地上数量都很丰富，它们都具备相当不错的飞行能力，而且尽管它们都是各自地区的留鸟，但是这并不妨碍它们偶尔克服困难飞过海峡。

"这些鸟儿以昆虫、浆果以及野生小无花果为食。在生活习性方面，它们与雀科和鹟科鸟类都有相似之处。它们会与雀科鸟类一样聚集成大群，在树木间吵闹地飞来飞去寻找浆果，它们也会像鹟科鸟类那样在空中追逐昆虫。它们与行踪隐蔽的噪鹛属鸟类的生活习性没有一点儿相似性，它们总是待在人们一眼能看到的地方，性情看上去也十分温顺。它们不会在灌木丛中悄悄地爬来爬去，也不会在看不见的地方低低的鸣叫，诱骗人去寻找追逐；它们会栖坐在灌木或大树显眼的树冠或枝条上，聚集成群，大声鸣唱；在这样的时候它们有时也会竖起羽冠，让身上和尾巴的羽毛蓬松起来，翅羽的羽尖在头顶上合拢起来。它们的鸣声变化较多，但是都极为奇特。4月份它们开始筑巢，但是小群鸟儿仍然栖息在一起。在一天的工作结束了之后，这些鸟儿就会一起栖坐下来，一起嬉戏，直到日暮。它们在一个繁殖季节里通常会筑3个鸟巢，在第一个鸟巢中产下5枚卵，在其他的鸟巢中则产3枚卵。鸟巢内部空间大而深。外巢材料通常是青草，内衬是更柔软的材料。但是它们对筑巢材料并不挑剔，任何它们能收集到的材料都会被拿来使用，比如纸片、棉花、布条、树叶和羽毛。对于筑巢环境它们也没有什么要求，一棵任何高度的灌木或树木都有可能被它们选中；从它们通常选择的筑巢环境上看，它们和林岩鹨一样都不太注意鸟巢的隐蔽性和安全，常常会把它们建在十分显眼的地方。它们常常会在中国人住宅附近的花园里筑巢，它们是不怕人的鸟儿，也幸运地得到了人们的保护。当有人走近它们的巢穴时，它们会发出吵闹的唧啾声。但是相比人类，喜鹊和噪鹛是它们更危险的敌人。

"它们的卵底色为紫白色，分布着密集而常常很混乱的棕紫灰色的深色阴影。"

一位作者还讲述了一个关于这一物种或它们栖息在海南岛的近亲的有趣故事："曾经有白头鸟聚集在宫殿前，吴国国君孙权问道：'这是什么鸟呢？'诸葛恪答曰：'这是白头翁。'张昭以为自己是在座最年老的人，于是怀疑诸葛恪用这鸟来羞辱他，所以说：'诸葛恪欺骗陛下，我从未听说有鸟儿叫白头翁的，诸葛恪是不是还知道有鸟儿叫白头婆的？'诸葛恪立即说：'有一种鸟儿叫鹦母(即凤头鹦鹉)，你又能找出一只鹦父来吗？'张昭无以对答，满座皆笑了。"

插图中展示了这一物种及其幼鸟和鸟巢。

和平鸟指名亚种

英文名 | *Indian Fairy Bluebird*　　拉丁文名 | *Irena puella puella*

和平鸟指名亚种

鸣禽／雀形目／和平鸟科／和平鸟属

这一物种是我们最为熟悉的一种和平鸟，它的外形是所有亚种鸟类中最为有趣和奇特的了。

和平鸟栖息在南印度的森林中。杰顿先生说，在马拉巴尔海岸边高大的丛林中这一物种很常见。但是在斯里兰卡这一物种却很罕见。在喜马拉雅山脉上的任何地区都见不到这一物种，只有来到锡金地区的人们才能看见这些鸟儿，但是从该地区向东，这一物种就出现在了整个印度—中国地区，从泰国一直到交趾(古地名。今越南北部)也能看到他们的身影，也包括位于最南方的丹那沙林。奥兹先生说他发现这一物种在勃固丘陵东部山坡上的常绿森林中数量十分丰富，但是在西部山坡或平原上却见不到这一物种。

宾汉先生在他的文章中描述了自己发现的一个鸟巢："4月11日，我正在缓慢地攀爬一段俯视着小溪流的陡峭山坡，这时一只雌性和平鸟从我脚下一棵树的树冠中飞了起来，我低头就可以看见那鸟巢和其中的两枚卵。那只雌鸟飞到了我前方一点儿的树上，于是我将它射杀了下来。我将这个鸟巢取了下来，巢穴底层是一些稀疏地搭在一起的树枝，上面用苔藓做成了一个浅盘，浅盘中央是两枚卵。相比这个鸟儿来说，鸟卵的尺寸较大，卵壳为暗绿白色，有许多棕色的斑点、斑块和斑纹。"

戴维森先生说，在丹那沙林的落叶森林中，这一物种从来没有出现过。不同寻常的是，它们只栖息在常绿丛林中。他说道："在落叶林中我从来没有见到过一只这样的鸟儿，但是在此以北大约32千米的常绿森林中，这一鸟儿又出现了。"常绿森林总是能不断地供应新鲜的食物，这一点解释了和平鸟为什么喜欢来到那里。但是奇怪的是，即使当落叶林就在它们的栖息地附近，而且处于结果期的时候，这些鸟儿也不会飞到这里来。戴维森写道："它们几乎总是成群出没，但是有时也会成双成对或独自觅食。这种鸟儿颜色十分明亮生动，而且总是在飞翔，会在树枝或树木间跳动，发出美好的声音，其音符和单词‘快点、快点’十分相似。它们以水果为食，而且我相信它们几乎不会吃别的食物，而无花果是它们的最爱。当1颗无花果树果实成熟时，大群这种鸟儿就会聚集了来，同时赶来的还有许多其他爱吃水果的鸟类物种，比如犀鸟、绿鸠、果鸠等。在中午时分它们总是会来到低处的小溪流和小河岸边来饮水和洗澡。”

插图中展示了一对和平鸟，是参考我自己的收藏绘制的。

鹊鸲

英文名 | *Oriental Magpie-robin*　　拉丁文名 | *Copsychus saularis*

鹊鸲

鸣禽 / 雀形目 / 鹟科 / 鹊鸲属

要说印度这片土地上缺乏善于鸣唱的鸟儿是不正确的,因为在这个国度的鸟类王国中也有一些美丽的音乐家,它们的歌声丝毫不逊色于美国闻名遐迩的小嘲鸫和我们同样大名鼎鼎的夜莺。鹊鸲就是这样一位音乐家,几乎每一位写作印度鸟类的作者的注意力都会不由自主地被它们吸引过去。目前记录的关于这一物种的文字十分完整而有趣,我能做的还是摘录一二。

霍奇森先生告诉我们:"鹊鸲也会栖息在长着矮树丛的荒野、草地和草场上,但是我们还是在花园和草坪上最常见到这种鸟儿。它们的歌声总是最早唤醒那里的春天,在那里我们也总是能见到它们活泼友好的身影。它们不喜欢飞进树林深处。蛆虫、蠕虫,还有甲壳虫、蝗虫等类型的昆虫是它们常见的食物;冬季少数时候它们也会吃一些未成熟的野豌豆和相似的食物,但是它们从来不会吃碎石、沙砾或坚硬的种子。它们能够在地面上快速地走动,也能够灵活稳当地栖坐下来,常常会在一个低低的树枝上等待食物的出现;等它们飞到地面上杀死猎物以后又会迅速地返回原处栖坐下来。它们从来不会在飞行中捕捉猎物。当牛群来到它们的狩猎场上时,它们就会栖坐在树枝上等待着这些大家伙们的帮忙;等牛群的活动将昆虫和蛆虫带到它们的视线中时,它们就会飞出去将这食物捕捉起来。这些鸟儿总是在动,会不停地直立或收缩起身体,尾巴也会相应地摆动起来。除了在繁殖季节,这一物种一般都会独来独往;到了繁殖季节,这些鸟儿才会聚集到一起繁殖并保护幼鸟。雌鸟通常会产下5枚有斑点的卵,会养大三四只幼鸟。这一物种每年只繁殖一次,除非它们的第一窝卵没能孵化或者被夺走。鸟巢是用一堆青草胡乱地堆起来的,但是这个鸟巢总是建在十分隐蔽安全的地方。这个地方通常会是一个墙洞,有时也可是茂密多刺的低矮植物中央。鹊鸲是最胆大,也是最好斗的一种鸟儿,它们总是因为美妙的歌声被捕来放进笼中圈养。鸫科鸟类中没有哪种鸟类的歌声能赶得上它们。鹊鸲也不会一味地去模仿其他鸟儿歌声,不过在圈养时,这种鸟儿十分乐意用鸣声取悦它的喂养人。在春季，雄鸟们总是在互相比拼着歌喉，一只鸟儿的歌声刚刚响起，另一只鸟儿会立即随声附和起来。专业的养鸟人常常会利用它们的这一特点。他会带上自己驯化的雄鸟走到附近的花园或小树丛中，这只鸟儿在他的命令下立即发起挑战，野生的鸟儿也立即应声鸣叫起来。前一只鸟儿被放开，两只鸟儿就开始了激烈的战斗。这时候猎人就可以在驯化的鸟儿的帮助下轻松地捕获野生的鹊鸲了。因为猎人的鹊鸲总是会有意地帮助它的主人，总会在最合适的时候用脚爪和鸟喙按住它的对手，然后等待主人上前将这只鸟儿捕获，哪怕这只可怜的鸟儿早就在激烈的战斗中受伤失去了逃跑的能力。富人们最喜欢的一项娱乐互动就是看这些驯化的鸟儿互相打斗，当然这一物种的斗争也比其他大多数的鸟儿都要更加勇猛果决。”

莱亚德先生告诉我们，在斯里兰卡，“当地人对这种他们十分熟悉的鸟儿十分感兴趣。这种鸟儿很少会出现远离民居的地方，它们总是在人类的房子附近筑巢繁殖，不过它们的鸟巢常常营建在茂密的灌木丛中或者树洞里。鸟卵通常有4枚，为明亮的蓝色，大的一端有密集的棕色斑点。它们的食物主要是大大小小、各种各样的昆虫；它们会在地面上，也会在大树上捕食。它们的鸣声多变，在求偶季节里它们发出的欢乐的鸣声最为动人。我在斯里兰卡科伦坡的住宅对面有一棵高大的木棉树，树冠上有一只鹊鸲每天都为我歌唱，一直持续了几周，而它的配偶就坐在它下方的小民居屋顶的巢中孵卵或者照顾还未离巢的雏鸟。一天早上，幼鸟离开了鸟巢，来到附近的院墙上，不久我就听到了各种鸟儿和松鼠痛苦的叫声，最重要的还有好似一只猫儿发出的哀怨的喵喵叫。我的收藏中还没有这一物种的活样本，因好奇究竟发生了什么事，于是我就走出去来到花园中。我发现那喵喵声正是我的朋友们鹊鸲发出的，它们正在猛烈地攻击灌木丛中的某个东西，而周围其他的鸟儿和松鼠都在齐齐地尖叫。在那里我发现其中一只雏鸟(在这一阶段它们的羽毛上有许多黄色斑点)正如我所料被一棵葡萄植物的卷须缠住了，我伸出手要帮助它，这时候才看见一条绿色的鞭蛇亮闪闪的眼睛。这条大爬虫的牙齿深陷在这个可怜的小家伙身上。我捏住了这只爬行动物的脖子，解救了这只鸟儿，但是为时已晚。它躺在我的手中喘息了一小会儿便拍了拍翅膀，死掉了。在给它剥皮的时候，我发现除了被蛇牙咬伤了翅膀，这只雏鸟身上并没有其他的伤口，因此我想是恐惧要了它的小命。这种鸟儿最喜欢在站立时将尾羽竖起到背部，有时候与身体垂直，有时候甚至几乎触及头部，而翅膀是垂下的；这样的时候它们仅仅会发出一种低低的鸣声。在干旱期，这些鸟儿的羽毛会在红色的尘土作用下变得暗淡无光，此时收藏它作为样本是毫无价值的”。

莱瑟姆陈述说：“这一物种是在宣扬上帝的名时人们会提起的鸟儿，这一习惯是从印度教教徒那里借鉴来的。它们会用树枝和毛发在树木的枝干上胡乱地筑起一个毫无美感的鸟巢。鸟卵为淡绿蓝色，有棕色斑点，大的一端斑点数量最多。”

博伊斯上校说：“这种十分活泼的鸟儿常常会到访花园中的树木和灌木，而且和英国的知更鸟一样，它们总是将尾巴直立起来，十分引人注目。这一物种并不怕人，十分喜欢亲近人类，而且歌声甜美。它们的食物是昆虫；它们在墙洞和墙上的裂缝中用干枯的小树枝和草根筑巢，会产下5枚蓝绿色的卵；卵表面均匀地覆盖着棕色的斑点，不过大的一端斑点更密集。”

斯温霍先生说它们在厦门是一个“常见物种”。

插图中展示了一对雌雄鸟儿。

台湾紫啸鸫

英文名 | *Formosan Whistling-thrush*　　拉丁文名 | *Myophonus insularis*

台湾紫啸鸫

鸣禽／雀形目／鹟科／啸鸫属

与这一物种极其相近的物种都喜欢栖息在多岩石的、贫瘠的地区更胜于山林地区，插图中的台湾紫啸鸫就仅仅分布在中国台湾岛的高山地区。

斯温霍先生说："台湾紫啸鸫在林地高山间幽静的沟壑峡谷中出没，几乎不会到海拔低于600米的地方，它们最喜欢停留的地方是激流边的岩石。它们常常会站在这样的地方将尾羽像扇子一样展开，有时也会将尾羽稍稍前倾。它们会在大岩石表面跑动而不是单足蹦跳，在这样的时候它们很容易会受到惊吓而尖声鸣叫着飞走。它们的鸣声短促，但是较为动听。它们耳朵的形状尤为奇特。在解剖的样本中我们通常能发现甲虫和甲虫卵。"

台湾紫啸鸫的眼端为深黑色；前额有一条狭窄而明亮的深蓝色横斑；头冠部、喉部、颈背部、整个上体表和尾巴为模糊的蓝黑色；肩部为十分明亮的金属蓝色；主翼羽和大翅覆羽外侧边缘为亮蓝色；胸部和上腹部羽毛为黑色，端部为亮蓝色；下腹部、大腿部位、下尾羽覆羽和尾羽下表面为暗黑色；鸟喙和腿部为黑色；虹膜为深棕色。

白腹短翅鸲

英文名 | *White-bellied Blue Robin*　　拉丁文名 | *Myiomela albiventris*

白腹短翅鸲

鸣禽／雀形目／鹟科／蓝地鸲属

白腹短翅鸲栖息在森林中树木最茂密的地方，南印度的丘陵地区就是这样的地方。这一物种较为罕见。它们的卵为橄榄棕色，大的一端颜色更深。费尔班克先生这样写道："我在一棵树的小树洞(小到刚刚能容纳它们)中发现了一个鸟巢。这个鸟巢距离地面有90厘米左右，是用苔藓和须根整洁地编织起来的。我几次惊起了鸟巢中的雌鸟，它在4月份产下了两枚卵，我发现并带走它们时这只鸟儿正在孵卵。6月份，在同一个树洞中，它又筑起了一个鸟巢，在其中产下两枚卵，然后这只鸟儿又开始孵卵。它们的歌声甜美、嘹亮而且多变，不过常用的音符只有4个——唆啦西哆。"

整体羽毛为暗淡的石板黑色，有靛蓝色光泽；前额上部有一条狭窄的浅蓝色斑纹，下面有一条柔亮的深黑色斑纹延伸到眼睛；下体表与上体表相似，但是颜色更浅，腹部为白色；鸟喙为黑色；足部为暗棕色；虹膜为棕色。

插图中展示了一对雌雄鸟儿(据费尔班克先生的判断)。

红嘴鸦雀

英文名 | *Great Parrotbill*　　拉丁文名 | *Conostoma aemodium*

红嘴鸦雀

鸣禽 / 雀形目 / 莺科 / 红嘴鸦雀属

霍奇森先生的研究为我们带来了这一奇特物种的第一手资料，他同样还将从尼泊尔获得的样本送到了不列颠博物馆和东印度公司。这一物种应该被看作最罕见的印度鸟类之一，也是霍奇森先生幸运地发现并让我们知晓的最有趣的一种鸟儿。

霍奇森先生说：“在尼泊尔栖息着的众多鸟儿中，我相信这一物种尚未被科学界的人们了解；它们主要栖息在高山上或高山脚下的平原上。

“在生活习性方面，这一物种是害羞的森林居民，总是栖息在荒野和长满青草以及树木的森林边缘。五六只鸟儿通常会一起叽叽喳喳地鸣叫，一起在地面上单足蹦跳和觅食，又会一起飞到树上和灌木上过夜。夏季它们的食物主要是各种柔软的小昆虫，但是在冬季它们毫无疑问还要吃一些植物性的食物。

“栖息地分布在尼泊尔北部地区，靠近积雪的地方。”

雌雄鸟儿羽毛颜色一致，具体如下：

整体羽毛为暗淡的橄榄棕色，下体表颜色更浅，前额几乎为白色，眼端接近黑色；虹膜为棕色；鸟喙为暗黄色；腿部为石板灰色。

黑头奇鹛

英文名 | *Black-headed Sibia*　　拉丁文名 | *Heterophasia desgodinsi*

黑头奇鹛

鸣禽／雀形目／噪鹛科／奇鹛属

这一优雅的鸟儿是已故的迪克尔上校在丹那沙林的高原上发现的，当地的海拔有2000米。布莱斯先生首先于1859年在亚洲学会的会刊中描述了这一物种；不久迪克尔本人也对同一只鸟儿做了描述。迪克尔上校说："这一物种极为罕见，仅仅栖息在高海拔的山峰上。我们只见到了一对这样的鸟儿，并捕获了其中的雄鸟。它们总是十分活泼好动并发出伊呀呀的哨音。在海拔2000多米的地方发现它们时，它们正在矮小的树木周围不停地单足蹦跳和飞来飞去。"

戴维森先生写道："这种美丽的奇鹛在丹那沙林的高原上很常见，尤其是在那里的开阔丛林中，而且我发现它们对营地周围的树木格外喜欢。它们的鸣声是悠长清晰的哨音。当我来到这一地区时，黑头奇鹛正在繁殖，因此我见到的这一物种都是成双成对的。它们的食物既包括昆虫又包括小浆果。它们总是在树木冠部的枝叶间飞来飞去寻找昆虫，它们从来不会落到地面上，哪怕是青草间。我从来没有见过它们在裸露的枝干上沐浴阳光或者在飞行中追捕昆虫。它们在飞行时能够快速地展开和闭合尾羽，但是不会将尾羽垂直竖起来。黑头奇鹛从来不是羞怯的鸟儿，要靠近和捕杀它们丝毫不困难。"

插图中展示了一只雄鸟和一只雌鸟。我要向拉姆塞上校致以最诚挚的感谢，他慷慨地借给我这一对典型的样本，我才能绘制出这样优雅的鸟儿。

杂色噪鹛

英文名 | *Variegated Laughingthrush*　　拉丁文名 | *Trochalopteron variegatum*

杂色噪鹛

鸣禽／雀形目／噪鹛科／彩翼噪鹛属

我有些吃惊地发现，将近40年前我描述并描绘过的一个物种在1863年杰顿博士的笔下竟只有寥寥数语，但是，在他的《印度鸟类》出版后，人们才得到了关于这一物种的信息。杰顿博士在上述书的附注中写道："我首次在萨特累季河的河谷中发现了这一物种，后来又在喜马拉雅山脉西北部以及克什米尔的各个其他地区发现了它们。在海拔2400～3000多米的夏季森林中，这一物种较为常见。"

关于这一物种的筑巢习惯，库克先生和马歇尔先生在他们关于一个鸟卵收藏的论文中提到："这一物种的筑巢习惯在此之前显然是未知的。6月15日，我们在一棵高6米的云杉树干末端发现了一个鸟巢，它呈深杯状，是用草根和树枝结实地编织起来的。鸟儿在巢中拥挤地坐在一起。鸟卵为浅蓝绿色，表面有稀疏的浅紫色斑点。"

休姆先生针对这一物种写道："关于这一物种的筑巢方式目前还没有记录。它们通常在4月下旬、5月份和6月份产卵。鸟巢是一个十分紧凑的、很浅的杯状结构体，外部用粗糙的青草和少量枯叶编织。这个鸟巢没有内衬，但是巢穴内部使用的材料是更加细软的青草和许多干燥的针状杉木叶。这样的鸟巢通常建在树木上某个低处枝叶茂密的树枝上，离地面通常约有1～2米。但是我最近在一棵年轻的喜马拉雅雪松脚下茂密的草丛中获得了一个鸟巢，这个鸟巢离地面不足15厘米。这些鸟儿会产4～5枚卵。我获得的第一枚这样的卵是巴克先生寄给我的。他获得的这枚卵是几乎完美的长椭圆形。事实上，要不是巴克先生亲自取来的这枚卵，我几乎不会相信它属于这一物种。卵的底色较浅，为灰暗的蓝绿色，大的一端有红棕色的斑点或斑块，有时多有时少。这枚鸟卵没什么光泽。

"后来我自己获得的鸟卵的外形都十分相似，只是个头略大而且有更密集和醒目的斑块，大部分斑块仍然分布在鸟卵大的一端。"

山噪鹛

英文名 | *Plain Laughingthrush*　　拉丁文名 | *Garrulax davidi*

山噪鹛

鸣禽／雀形目／噪鹛科／噪鹛属

1869年的一天，斯温霍先生把这一物种的标本放在了我的手里，这个样本就是插图中的鸟儿，他说这一物种栖息在中国。我自己并没有关于这一物种的第一手资料，因此还是要摘录斯温霍先生的描述。

斯温霍先生说："1867年6月25日，我收到了大卫神父的来信，同时来到我手上的还有两只山噪鹛标本。这两只鸟儿与我见过的任何中国的鸟儿都十分不同。我写信给这位尊贵的牧师，希望他能允许我来描述这两个样本。大卫神父在1867年7月31日于北京写信允许我这样做，我于9月4日收到了他的回信。这一物种在我看来属于画眉亚科。

"这一物种的鸟喙与钩嘴鹛的鸟喙相似；在鼻孔形状方面它们要比噪鹛属鸟类更大。"

在斯温霍先生最近赠予我的笔记中，他写道：

"大卫神父在北京附近的山陵上发现了这一物种。他说在我们的山脉中这一物种十分常见，而且一年到头都会鸣叫。1868年秋季我到访这一山脉时注意到这一物种的生活习性与中国南部的歌鸠很相似。小群这样的鸟儿一起在山岭间的灌木丛中游荡，躲藏在树叶间对着彼此鸣叫。有时候一只雄鸟也会离开队伍，独自去唱出一首悠长的歌儿。"

栗额斑翅鹛

英文名 | *Rusty-fronted Barwing*　拉丁文名 | *Actinodura egertoni*

栗额斑翅鹛

鸣禽／雀形目／噪鹛科／斑翅鹛属

霍奇森先生、格里菲斯和其他的鸟类学家将一些这一优雅的栗额斑翅鹛样本送到了这个国家，丰富了我们的收藏。我要感谢慷慨的哈考特先生赠予我这一物种和其他物种的样本，我相信他是从锡金地区获得这些鸟儿的。很遗憾的是，除了霍奇森先生的笔记，我们的印度旅行者们并没有带来更多关于这一物种的生活习性和特点的信息。它们的动作与鹪鹩相似，常常到访茂密潮湿的高山森林，这一点是确切的。它们会在地面上以及树木的枝叶间捕捉昆虫和虫卵，这些构成了它们的主要食物，这一点也并不值得怀疑。然而，杰顿先生说，它们还会食用水果。雌雄鸟儿的羽毛十分相似，但是雌鸟的身材比雄鸟略小。

杰顿先生说："这种鸟儿栖息在尼泊尔到阿萨姆邦和锡尔赫特之间的山岭地区。在大吉岭附近这一物种十分常见，这里的海拔大约有900～1800米或者更多。小群这样的鸟儿在树木间游荡，在树叶和树枝间仔细地搜寻着食物，从来不会飞到地面上。它们会以水果和昆虫为食，而昆虫是它们的主要食物。

"霍斯菲尔德认为阿富汗是这一物种栖息的一个地方，但是我认为格里菲斯的样本来自卡西丘陵，而我也注意到在这一地区这一物种远远算不上罕见。"

鸟喙基部周围的羽毛为深棕红色；羽冠和颈背部为灰色；上体表为浅红棕色；翅膀覆羽为亮红褐色；主翼羽和副翼羽基部为红褐色，其他部分为深棕色；3支第一主翼羽狭窄的边缘为银白色，其他的主翼羽和副翼羽外羽片有规则的灰白色斑纹；两支中央尾羽为红褐色，其他的为棕色，接近端部略微有黑色条纹，狭小的端点为白色；下体表为深沙黄色，只有腹部中央为白色；虹膜为棕色；鸟喙为浅角质色；腿部为淡棕色。

白领凤鹛

英文名 | *White-collared Yuhina*　　拉丁文名 | *Yuhina diademata*

白领凤鹛

鸣禽／雀形目／绣眼鸟科／凤鹛属

这一物种的故乡是中国西北部四川省的一个地方。大卫神父首次描绘了白领凤鹛的羽毛并说明这一物种的雌雄个体在颜色上是相似的。这一物种分布于中国西北地区以及喜马拉雅山脉上。

与棕肛凤鹛相比，白领凤鹛的身材要大一些，其枕骨部位的斑纹为白色，而不是锈红色。

白领凤鹛的总体颜色为土棕色，下表面颜色更浅；腹部中央和下尾羽覆羽为纯白色，而枕骨部位为更加纯净的白色，头冠部羽毛突出形成羽冠；翅膀和尾羽为黑色，羽轴为白色；虹膜、鸟喙和足部为浅黄色。

震旦鸦雀

英文名 | *Reed Parrotbill*　拉丁文名 | *Paradoxornis heudei*

震旦鸦雀

鸣禽／雀形目／莺科／鸦雀属

大卫神父最近描述了一种栖息在芦苇丛中的极为有趣的新鸟类，并将一些标本寄送到了这个国家，由斯温霍先生来收藏。我也要感谢斯温霍先生借给我这一样本，而且我相信插图中的鸟儿一定会引起鸟类学界的极大兴趣。

下文摘自大卫神父的一段记录：“韩伯禄神父是上海的一位传教士，他积极地投身于对当地自然产物的研究和收集活动中。在我最近一次到访那里时，他将自己的收藏展示给我看，在这个收藏中我看到了几种尚未被包含进中国鸟类目录中的鸟类。韩伯禄神父允许我来描写他收藏的这一奇特物种。”

我善良的朋友斯温霍先生也述说了如下的信息：“震旦鸦雀常常栖息在大芦苇丛中。当这些芦苇被收割时，它们就会飞到花园或其他地方的芦苇丛中，我从来没有在灌木丛中见过它们。据我所知，它们栖息在长江地区，也栖息在大湖边上。它们成群一起飞翔，在攀爬干枯的芦苇茎时会发出吵闹的鸣叫；它们会猛烈地撞击芦苇茎底部，接着向上攀爬整棵芦苇，从一棵跳到另一棵上去。这些鸟儿会持续不断地鸣叫，它们的鸣声洪亮而忧郁。若是你完全熟悉了这种鸣声，在离它们很远的时候你就能知道那是震旦鸦雀。人们很容易靠近它们，它们不太会被惊吓到。它们的虹膜为玫瑰红色。”

BIRDS OF ASIA

VOLUME Ⅳ

OSCINES (Ⅲ)

卷四

鸣禽（Ⅲ）

山鹛

英文名 | *Chinese Bush-dweller*　　拉丁文名 | *Rhopophilus pekinensis*

山鹛

鸣禽／雀形目／莺科／山鹛属

我要感谢斯温霍先生借与我一个精美的山鹛样本，这只鸟儿是在北京附近捕获的。1868年他在《鹮》中向科学界简单地介绍了这一鸟类。

在提及经过峡谷向西北方向的黑龙王庙(这座庙在北京人眼中极为神圣。朝圣者每年来此敬拜两次，他们要徒步走上56千米，每走一步都要匍匐叩拜)旅行时，他只是说道："在山陵上我们看到了小群山鹛，它们从灌木丛上方迅速掠过并且甜美地歌唱着。"在第二页上他又说道："山鹛在灌木树冠上翘动长长的尾羽，发出响亮的哨音。它的眼睑为鲜红色，虹膜有黄色的光泽；上颌为浅棕色，下颌为黄白色；腿部为浅棕肉色，有黄色的着色。"

下面是斯温霍先生对这一鸟儿的描写：

"山鹛的上体表为橄榄灰色；头冠部、背部和尾部的羽毛中央有宽阔的黑色斑纹，有红栗色的着色；颈两侧为灰色，有锈红色斑点；眉羽灰白；两颊为浅棕色，耳部覆羽下有模糊的黑色髭须纹；飞羽为浅棕色，边缘为浅白色；两支中央尾羽为橄榄灰色，羽轴附近为棕色，边缘为浅白色；尾羽其他部分为黑棕色，外侧边缘为白色，外侧的一支端部和顶部外侧边缘为白色，全部羽轴下部为白色；下体表为暗白色，胸脯两侧和侧腹为锈栗色，腹部两侧和胫骨部位也为相同的颜色，腹部和肛门部位略微有着色；腋羽为锈白色；翅膀下表面为相同的着色。"

长尾缝叶莺亚种

英文名 | *Tailorbird*　　拉丁文名 | *Orthotomus sutorius longicauda*

长尾缝叶莺亚种

鸣禽／雀形目／扇尾莺科／缝叶莺属

1854年2月28日，弗雷德里克·摩尔在向伦敦动物学会的会议上提交的关于“缝叶莺属”的专题论文中仅仅列举了9个这样的物种，这一文章被发表在了当年的期刊中，而已故的格雷先生在他最近发表的《鸟类清单》中则将这一数字扩展到了13或14。从最开始到现在我们东方鸟类的鸟类学作者们都会对一种或几种缝叶莺做出评论，这是因为它们具备将活着的植物的叶子缝起来做巢的非凡习性；不仅如此，它们还能够保证这些小建筑足够牢靠，不会跌落在地面上，也不会被风吹走。每一个学者都十分熟悉缝叶莺这种“裁缝鸟”拥有的这种技能，因此对这一点多做描述是没有必要的，更何况插图中展示的景象让既使不熟悉这一鸟类的人也能对它们的技能一目了然。

插图中的长尾缝叶莺是参考中国的样本绘制的，其中的鸟巢则是模仿中国的一幅画绘制的，但是毫无疑问它们就是真正的长尾缝叶莺。斯温霍先生陈述说，从广州到福州都栖息着许多这样的鸟儿。在他的福州鸟类学笔记中，他说道：“当这种小型的缝叶莺与它们的配偶在茂密而粗糙的长芦苇间快乐地穿行时，雄鸟会用自己的鸣声去取悦它的爱人。”在1857年11月17日的厦门文学和科学会上他又朗读了以下内容：“所有鸟类中体型最微小的物种是小裁缝鸟，也就是缝叶莺，它们的鸟喙长而尖锐，可以作为针来缝合树叶；它们使用的线通常是蜘蛛网或植物纤维。我见过的最美的一个这样的鸟巢是用三片橘子树叶子缝合起来的，悬垂于一棵橘子树的树枝末端。”

红头穗鹛

英文名 | *Red-headed Babbler*　　拉丁文名 | *Stachyridopsis ruficeps*

红头穗鹛

鸣禽／雀形目／画眉科／伪穗鹛属

在仔细地比较了斯温霍的中国样本和布莱斯的尼泊尔红头穗鹛后，我没能找到足够多的差异并以此来判定它们是不同的物种。幸亏斯温霍先生借与我插图中的中国样本，我才能将这鸟儿和鸟巢的样子绘制出来，我希望那些拥有喜马拉雅山脉红头穗鹛样本的人能够参照这幅插图来判断它们究竟是不是同一个物种。将体型大小作为判断依据显然不够准确，我就拥有一个尼泊尔的样本，它的个头比我见过的任何来自中国的样本都要小得多。若是我以上的判断是正确的，那么显然这一小物种的分布十分广阔，从整个尼泊尔、锡金到卡西丘陵都是它们的栖息地，而斯温霍先生还指出台湾岛和长江上的宜昌峡谷也都栖息着这样的鸟儿。

杰顿先生、摩尔先生和斯温霍先生所做的笔记是我们目前拥有的关于这一鸟儿的全部信息。

杰顿先生说："这一鸟儿栖息在尼泊尔和卡西丘陵。在大吉岭它们也很常见。小群这样的鸟儿总是一起在高大的树木间穿梭，搜寻着枝叶间的小昆虫。我在大吉岭的时候，有人给我送来了一个鸟巢和一些鸟卵，说这是属于红头穗鹛的。这个鸟巢是用青草和植物纤维稀疏地编织起来的，其中有两枚青白色的卵，卵表面有一些锈红色的斑点。"

摩尔先生说："这一物种在外形和大小上与红嘴穗鹛相似，但是头冠部为浅铁锈色，颌部和喉部中央为白色，有浅黑色的中央条纹；上体表其他部分为朴素的橄榄色，下体表为浅白色，颈两侧和胸脯部位有黄褐色的着色；鸟喙和腿部为浅角质色；一些样本的头冠部和颈背部为明亮的铁锈色，整个下体表为浅铁锈色。"

红嘴相思鸟

英文名 | *Red-billed Leiothrix*　　拉丁文名 | *Leiothrix lutea*

红嘴相思鸟

鸣禽 / 雀形目 / 噪鹛科 / 相思鸟属

这一美丽的小鸟是上印度地区的一种本地留鸟，它们广泛地分布在丘陵地区，因此是我们的收藏中最为常见的一个物种。过去的作者认为中国和马尼拉也是这一物种的栖息地，但是我目前还没有见到来自这些地区的样本。霍奇森先生说红嘴相思鸟栖息在尼泊尔的中部山岭地区，博伊斯先生、已故的肖尔先生都在这些地区射杀过这样的鸟儿。

据霍奇森先生说："它们没有偏爱地以野草种子和昆虫、虫卵以及蛹为食。"而我从肖尔先生的笔记中得知，在炎热的季节里，它们会回到山岭中凉爽的山脊上生活。他还说它们会在比较茂密的小灌木丛中筑巢，鸟巢是用青草和毛发编织而成的。雌鸟会产下4～5枚卵，"卵为黑色，有黄色斑点"。

红嘴相思鸟的整体羽毛为橄榄绿色，前额为更加明亮的橄榄色；主翼羽和副翼羽为黑色；前7支主翼羽边缘为明黄色，基部颜色加深，为深栗红色；接下来的3支羽毛基部有一个深橙色斑点，外羽片端部有一条深红色斑纹；副翼羽外羽片基部有一个相似的橙色斑点；最接近身体的3支副翼羽为橄榄色，外部有红褐色光泽；上尾羽覆羽为红橄榄色，端部略微为白色；尾巴为橄榄色，两支中央尾羽端部有大块黑色，侧面的羽毛外侧边缘和端部颜色略微相同；眼端为黄色；喉部为黄色，在胸脯部位为深橙色；鸟喙角部的条纹从眼睛下部延伸至下体表，为浅绿橄榄色，在腹部中央渐变为黄色；下尾羽覆羽为黄色；鸟喙为珊瑚红色；虹膜为深棕色；腿部为肉棕色。

雌鸟与雄鸟颜色相似，但是色泽相对要暗淡一些，斑纹和标志也不及雄鸟醒目。

霍奇森先生说，随着羽毛磨损变旧，颜色也会变得极浅；上体表的绿色变为灰色，喉部和胸脯部位的黄色变为灰暗的浅黄色，腹部黄色的羽毛会完全消失。

河乌

英文名 | *Asiatic Water-ouzel*　　拉丁文名 | *Cinclus cinclus (Asiaticus)*

河乌

鸣禽／雀形目／河乌科／河乌属

河乌的栖息地分布十分广泛，在整个伟大的喜马拉雅山脉南部山坡，从东部的不丹到西部的阿富汗都栖息着这一物种。格里菲斯先生从阿富汗获得的河乌样本被寄送到了东印度公司博物馆，而彭伯顿先生也从不丹寄来了其他的样本。我从来没有见过栖息在印度半岛的河乌，据说它们常常栖息在多岩石的峡谷和山涧溪流边，生活习性和特点与我们十分熟悉的褐河乌十分相似。它们的食物包括水生昆虫和它们的卵、小鱼苗和鱼卵等，它们通常在水下捕捉这些食物。

刚刚离巢两三个月的幼鸟羽毛颜色与成年鸟儿有十分显著的差异，成年雌雄鸟儿的整个体表颜色十分均匀一致。在插图中我绘制了这一幼年阶段的河乌形象，看一眼插图就能对这一阶段的河乌样子有清晰的了解。这种鸟斑驳的羽毛与许多石鵖亚科的鸟类极为相似，而且在鸟卵的数量和颜色方面它们也是一致的。

成年雌雄河乌的上下体表为均匀的浅巧克力棕色；只有背部的某些羽毛从某些角度看边缘略微为深棕色；翅膀和尾羽也为深色或纯棕色；眼睛上下部各有一个小的新月形白色斑纹；鸟喙为橄榄黑色；腿部和爪为橄榄棕色。

幼鸟的羽毛为灰棕色，每根羽毛端部附近有不规则的白色斑点；下体表的白色和灰棕色羽毛更加混杂，形成斑驳的样子；颌部以下有一条白色斑纹；翅羽狭窄的边缘为白色，端部更加显著；尾巴为棕色。

插图中展示了一只雄鸟、一只雌鸟和一只幼鸟。

白尾石䳭

英文名 | *White-tailed Stonechat*　　拉丁文名 | *Saxicola leucurus*

白尾石䳭

鸣禽／雀形目／鹟科／石䳭属

白尾石䳭与欧洲的物种十分相似，但是身材要小得多。侧面尾羽端部有连续的黑色斑块。杰顿先生说："在寒冷的季节里，这一美丽的石䳭在印度中部的姆豪十分常见，我仅仅在纳巴达河的河岸上见过这一物种。它们或许分布在西北部各地区，在阿格拉和信德省都有白尾石䳭被捕杀。在夏季，毫无疑问它们会迁徙到西藏和中亚地区。"博伊斯上校在印度北部捕获了一些白尾石䳭，布莱斯先生说它们在阿格拉很常见。它们常常在平原上的灌木丛中出没，也会进入兵营，有时候会栖坐在树篱或者路边的低矮树木上。它们会飞到地面上捕食昆虫，不久又会返回原处栖坐下来。

关于这一物种雌雄个体和幼鸟之间的差异目前还没有多少记录，因此插图中的棕色鸟儿究竟是不是一只真正的雌鸟我尚不确定。

雄鸟的整体羽毛、上下体表、肛门部位和翅膀覆羽为深黑色；主翼羽外侧羽片为黑色，内羽片为灰棕色；上下尾部覆羽为白色；两支中央尾羽基部为白色，其他部分为黑色；侧部羽毛为白色，端部为黑色；虹膜为深棕色；鸟喙和足部为黑色。

插图中的鸟儿为两只白尾石䳭。

黑喉石䳭

英文名 | *Eastern Stonechat*　　拉丁文名 | *Saxicola maurus*

黑喉石䳭

鸣禽／雀形目／鹟科／石䳭属

各地的石䳭属鸟类之间十分相似，因此，我想任何一位鸟类学家单凭文字描述或即使是最细致的描画，都很难把不同的物种区分开；要想将这些物种区分开，我们需要将来自各地的样本同时摆在面前，一一地察看它们各自的细小特征，在比较中辨别出不同地区鸟儿独有的特点。

关于黑喉石䳭的生活习性，我很遗憾地说目前记载的信息少之又少。杰顿先生说："在寒冷的季节里黑喉石䳭在姆豪很常见，它们会到访开阔的平原上的岩石堆和灌木丛。在印度上部各地、信德省、旁遮普和阿富汗这一物种也较为常见。"亚当斯博士说："黑喉石䳭常常来到这些地区的干旱平原上，在克什米尔谷也很常见。它们最喜欢的食物是一种铁线虫，这种食物在干燥的沙地上很丰富。"博伊斯上校于1839年12月和1842年3月捕获了这一物种，但是他仅仅说："它们喜欢沙质平原，极少会飞行较长的路程。"

黑喉石䳭雄鸟的前额有一条斑纹，经过眼睛上方，延伸到颈部两侧，为白色；头部、背部和肩胛部位为肉桂色，背部颜色最深；眼端、颌部、喉部和耳部覆羽为深黑色；翅膀为黑色；小覆羽端部略微为白色，大覆羽端部有显著的白色斑块；主翼羽边缘略微为灰白色；副翼羽边缘为浅肉桂棕色；肩膀下表面和腋羽为深黑色；主翼羽和副翼羽内羽片从基部开始的大部分为灰白色，在下表面较为清晰；胸脯部位、腹部、肛门部位和下尾部覆羽为浅肉桂色，胸脯部位颜色最深；上尾部覆羽为白色，有肉桂色着色；尾部靠近基部的一半为白色，顶部的一半为黑色；鸟喙和腿部为黑色；虹膜为棕色。

雌鸟的整体羽毛为暗淡的肉桂棕色，喉部没有黑色斑块，翅膀羽毛边缘为肉桂色而不是白色。

蓝大翅鸲

英文名 | *Grandala*　　拉丁文名 | *Grandala coelicolor*

蓝大翅鸲

鸣禽／雀形目／鹟科／蓝大翅鸲属

自然界的运行遵循着一定的法则，这是毫无疑问的，我相信没有人敢去质疑这一点。因此我们知道生活在沙漠中的鸟儿拥有着沙土一样的外表，而羽毛灿烂美丽的鸟儿和颜色鲜艳的热带昆虫都被同样美丽的花儿和植物围绕着，而洁白无瑕的松鸡是白雪皑皑的高山居民。同时我们也不难发现在这些固定的法则之外还总是有一些例外，偶尔也会发现羽毛鲜艳的鸟儿栖息在海拔很高、永远覆盖着积雪的地方，我们正要讲述的就是这样的一种鸟类。看它们美丽的羽毛谁能想到这种美丽的鸟儿是生活在覆盖着积雪的喜马拉雅山脉高海拔地区的居民呢？谁又能想到它们从来不会离开这些冰雪封存的地方呢？在生活习性方面，它们总是栖息在最荒凉、多岩石的地方，因此除了那些克服困难来到高海拔地带，走进这一壮观山脉——它们最适宜的栖息地的人们，普通人很难见到野生的蓝大翅鸲。

雌雄鸟儿在颜色方面有显著的差异，插图中已经将这一不同很直观地展现了出来，因此我就不再用冗长的赘述来烦扰读者了。我要感谢罗伯特和赫尔曼兄弟的精美样本，插图中的鸟儿就是参照它们绘制的。而这对兄弟在研究欧洲和亚洲的高山地区时所获得的声名在科学界是众所周知的，在此我就不再做溢美之词。

霍奇森先生说："这种十分非凡而且极为美丽(雄性)的鸟儿栖息在尼泊尔的北方地区。它们生活在积雪附近，总是独来独往。解剖的样本胃中有昆虫和沙砾。"布莱斯先生陈述说，它们出现在西姆拉，或许常常光顾喜马拉雅山脉从东到西整个高海拔地区。

在已故的肖尔先生的画作中我找到了一幅蓝大翅鸲的绘画，下面附注着如下的笔记："参照在喜马拉雅山脉积雪边缘捕杀的鸟儿绘制，1827年6月，雪仍然未融化。这一地方连续6个月来覆盖着厚厚的积雪，让人无法走进其中。"

红喉歌鸲

英文名 | *Siberian Rubythroat*　　拉丁文名 | *Luscinia calliope*

红喉歌鸲

鸣禽／雀形目／鹟科／歌鸲属

我的朋友西博姆先生在最近一次去西伯利亚地区探险时捕获了两只美丽的红喉歌鸲样本，他十分慷慨地将这些样本送与了我。他写道："在北极圈以内的地区我仅仅见到过一次这种非常帅气的鸟儿。那是在6月14日，浮冰仍然在水面上漂荡。在早饭前的清晨，蓝喉歌鸲就开始欢乐地唱着歌儿了。但有一只鸟儿的歌声最为动人，它的鸣声比蓝喉歌鸲的鸣声更加婉转丰富，比夜莺也毫不逊色。为了确定它就是一只蓝喉歌鸲，我将它射了下来，捡起它时我惊讶地发现这是一只红喉歌鸲。在返程时我才再次遇见这样的鸟儿。那是8月16日，我正在沿河的芦苇湿地中搜寻，一只鸟儿发出了十分响亮而沙哑的鸣声，我的注意力立刻被它吸引了过去，并开始寻找它的躲藏之处。一段时间后我将它从一丛高大的灯芯草上射杀了下来。我原本很自信地以为它会是一只大型的苇莺，却惊讶地发现这又是一只雄性红喉歌鸲。"

这一物种栖息在欧洲的乌拉尔山脉、整个西伯利亚地区和日本，它们在冬季迁徙时会经过中国，在同一个季节里会来到印度中部地区。这一物种两次出现在法国，因此在西欧地区它们应该被看作是一种偶尔到访的迷鸟。在东南部它们的栖息地据说甚至延伸到了菲律宾群岛。德雷瑟先生在《欧洲鸟类》中对这一物种的分布地做了如下描写，我转录在此："在道里亚，红喉歌鸲是一种常见鸟类，它们在5月末来到那里。在整个6月里，人们都能听到它们柔和、委婉而略微单调的歌声，它们是我们的一位最为欢乐的歌唱家。在太阳刚刚离开了地平线之后，它们就开始歌唱了。通常，一两只鸟儿先开始鸣唱，其他的鸟儿渐渐地加入到合唱的队伍中，到日暮时分所有的雄鸟就会齐声合唱起来。我常常在我们的帐篷附近听到3～5只这样的鸟儿在歌唱。它们的鸣唱多多少少会受到天气的影响，在下雨天里它们几乎不会鸣唱，只是偶尔开口鸣叫两声。在白天的时候它们会在灌木丛中出没。这一物种栖息在河流和小溪附近的山林平原上，只要有树木生长的地方就能看见它们。它们在偏僻之处的地面上筑巢，有时候在洪水冲积的树枝堆里，有时在灌木丛或茂密的青草间，也有时在小土丘的背阴处。人们都是因为意外才发现了这种鸟的鸟巢。我们只发现了几个这样的鸟巢，尽管这一物种的数量并不算少。鸟巢有一个圆顶，侧面有一个开口，筑巢材料是干枯的沼泽植物，内衬是柔软的苇草。尽管这一鸟巢的结构看起来十分精妙，但是却不坚固。要想将它带走而不破坏形状十分困难。6月末，雌鸟产下5枚椭圆形的卵，有些卵形状细长，有一些则短而圆钝。这些鸟卵表面略微有光泽。雌鸟会十分用心地孵卵，人们甚至能够从鸟卵上直接捉走用心孵卵的雌鸟。在受惊时，它会逃窜到茂密的灌木丛中，而不会立即返回鸟巢。雌鸟在坐窝时，雄鸟会在巢穴附近整夜鸣唱。”

插图中展示了两只雄鸟和一只雌鸟(其中一只雄鸟的喉部颜色很浅)。

黑胸歌鸲

英文名 | *White-tailed Rubythroat*　拉丁文名 | *Luscinia pectoralis*

黑胸歌鸲

鸣禽/雀形目/鹟科/歌鸲属

从我第一次描写这种红喉黑胸的小歌鸲以来,40多年已经过去了,那时我拥有的一只黑胸歌鸲样本还是欧洲唯一的一只被人们知晓的黑胸歌鸲。然而在过去的这40年里,动物学界已经发生了天翻地覆的变革,没有哪一门学科在这40年中的进步能比鸟类学更大。我们已经掌握了许多印度鸟类的各方面详细信息,当然这还要感谢杰出的实践自然学家们在印度所付出的辛勤劳动。而在这段时间里我也描述了许多第一次被呈现在人们眼前的喜马拉雅山脉的鸟类,它们被认为是可以捕获的鸟类中最罕见的物种。

杰顿博士说这种白尾红喉的黑胸歌鸲栖息在“整个喜马拉雅山脉地区,从克什米尔到锡金地区”。他还补充说:“我在大吉岭见到了这一物种,在这一地区它们并不常见;它们栖息在茂密的草丛中,会来到道路边捕食昆虫。亚当斯在喜马拉雅山脉西北部的岩石峭壁上发现了这一物种。我最近也捕获了一只黑胸歌鸲,并且看见另外一些这样的鸟儿在长长的草丛中出没。它们会来到小径上觅食,尤其喜欢靠近水边的地方。它们仅仅会在寒冷的冬季来到大吉岭,但是或许也会在内部地区繁殖。”自从杰顿博士写下这段话以来,人们又不断地在新的地方发现这一物种,这说明它们的分布地得到了极大的扩展。谢韦尔佐夫博士在土耳其斯坦发现了正在繁殖的黑胸歌鸲,古德温·奥斯丁上校在阿萨姆邦发现了它们,而大卫神父则在中国发现了这一物种。

休姆先生在他的《印度鸟类鸟巢和鸟卵》中写道:“关于白尾红喉黑胸歌鸲的筑巢习惯我们还没有获得确凿的信息。锡金地区的本地人送给我一个鸟巢,说它属于黑胸歌鸲。这个鸟巢是6月份在海拔3600多米的岩石深缝中被发现的。这个鸟巢仅仅是一个温暖的碟状衬垫,是用十分柔软的苔藓和蕨类植物的根系紧密地压制在一起的。鸟卵有两枚,为规则的椭圆形,小的一端略微扁平。卵壳很光滑,几乎没有任何光泽,为均匀的浅鲑鱼黄色。鉴于这是当地的收藏家自己发现获得的，这些信息是有一定可信度的。同时，我们过去熟识的同一批人送来的卵也都是如此。”

或许没有哪一属鸟类的美丽斑纹和优雅身姿能比当前这一种陆栖的歌唱家更好地互相衬托，知更鸟、蓝喉歌鸲和当前这种红喉黑胸歌鸲是仅有的几种鸟喙、翅膀和尾巴比例十分平衡和谐的鸟类。

插图中展示了一只雄鸟、一只雌鸟和三只幼鸟。

红岩鹨

英文名 | *Janpanese Accentor*　　拉丁文名 | *Prunella rubida*

红岩鹨

鸣禽／雀形目／岩鹨科／岩鹨属

日本群岛位于亚洲的最东端，正如不列颠群岛位于欧洲的最西端。为什么栖息在相对的这两个地区中的鸟类会如此相似，这是一个自然学家们都不能解答的问题。英国和日本有一些物种是完全一致的，比如锡嘴雀和旋木雀，而林岩鹨和知更鸟以及许多其他的物种虽然十分相似却也是不同的物种，但是，还有许多的鸟儿，其中也不乏十分漂亮的物种是日本群岛独有的物种。

当前描绘的这一种鸟儿与不列颠普通的林岩鹨十分相似，而且从结构、颜色和栖息环境来看，红岩鹨在日本北部取代了我们十分熟悉的物种。事实上，第一眼看去，这两种鸟儿完全是同一个物种，但是在仔细地比较了这些样本之后，我们还是能发现一些明显的差异。日本红岩鹨上体表的红色光泽、较短的尾巴和胸脯的深灰色羽毛是最明显的不同之处。关于它们的不同之处，我还必须要说，在比较了《日本动物志》中出版的鸟儿形象后，我发现该插图与目前讲述的这一物种也存在差异；如果该作品中的插图是正确的，那么在日本应该存在两个相似的物种，那样的话我要描述的鸟儿就需要一个新的种加词。施莱格尔提到过他拥有的红岩鹨斑纹的缺失，他说道："日本栖息着一种岩鹨，这种鸟儿与普通的林岩鹨十分相似，仿佛只是欧洲物种的一个地区亚种。在这两种鸟儿中我只发现了一个差异，那就是日本的鸟儿尾羽更短，颜色也有一些变化。背部和翅膀的棕色羽毛上带有一些紫色；头部和颈部为暗红棕色，接近深灰色，没有斑点；整个下体表也几乎为纯色，没有纵向斑纹，而欧洲的物种侧腹的斑纹恰恰是标志性的。在其他的各方面这两种鸟儿都很相似。"

亨利·怀特利先生在他的日本北部地区收集的鸟类笔记中写道："我于1865年获得了两只属于这一罕见物种的鸟。在生活习性方面，它们显然十分胆小，喜欢栖息在幽静隐蔽的地方。在仔细地观察了荆棘丛之后我才终于瞄准了它，一下将它捕射了下来。"

领岩鹨东北亚种

英文名 | *Red-backed Accentor*　　拉丁文名 | *Prunella collaris erythropygia*

领岩鹨东北亚种

鸣禽／雀形目／岩鹨科／岩鹨属

斯温霍先生在伦敦动物学会的期刊中对这一物种所做的描述和他后来寄给我的关于这一物种的笔记是我了解的关于这一物种的全部信息：

“在从蒙古去往北京时，我们于1868年9月26日在两段长城之间的一个地方停了下来，接着爬上了一座高山。在这座山的山顶上耸立着一座寺院。当时我们正在追寻石鸡，这时候一群红尾的鸟儿从我们的头顶上空飞过，在附近栖坐了下来，又在岩石间飞来飞去，发出大声的鸣叫。我们捕获了其中的一只，接着又去追寻石鸡。几天后我看见另一群这样的鸟儿在山口的岩石间。从这个地方可以进入南口镇，接着就是北京平原了。这种鸟儿后来证明是领岩鹨，但是它与霍奇森的领岩鹨(西南亚种)还是有一些区别。”

斯温霍先生在他的笔记中说：“大卫神父并没有在他的《北京鸟类目录》中提及这一物种，拉德在东西伯利亚的南部地区旅行时没有遇到过这一物种，但是米登多夫发现了一只鸟儿，据他的描述显然是这一物种，他又在7月份看见了这种鸟的幼鸟成群在鄂霍次克海南部海岸极为陡峭的山崖上飞翔。这一物种一定也在贝加尔湖附近繁殖，因为我见到了从那里捕获的幼鸟样本。

“它在第一次换羽之前的整体羽毛为斑驳的黄灰色，但是尾部和尾羽边缘明亮的肉桂色是这一物种最显著的特征，在这一早期阶段也是如此。”

鹪鹩亚种

英文名 | *Nepalese Wren*　　拉丁文名 | *Troglodytes troglodytes nipalensis*

鷓鷯亚种

鸣禽／雀形目／鷓鷯科／鷓鷯属

与欧洲的普通鷓鷯相比，印度的鷓鷯个头要小许多，翅膀和尾巴更短，整体颜色更深，上下体表颜色几乎一致，为深红棕色，有横向的黑色斑纹。

雌雄鸟儿在羽毛颜色和斑纹方面都没有差异，但是雌鸟的身量比雄鸟略小一些。

我要感谢斯特里克兰先生借与我这一物种的样本，结合我自己的收藏，我才能准确地绘制出这一物种的形象。

它的整体羽毛为深巧克力棕色，有横向的黑色斑纹；主翼羽、副翼羽、尾羽和腹部的斑纹最清晰，而巧克力色也比其他部分淡一些；每支翅膀覆羽的端部都有一个小小的白斑；鸟喙为黑棕色；足部为肉棕色。

亚洲斑旋木雀

英文名 | *Spotted Creeper*　　拉丁文名 | *Salpornis spilonotus*

亚洲斑旋木雀

鸣禽／雀形目／旋木雀科／斑旋木雀属

插图中这一非凡的鸟类属于稀有的印度物种，它们真正的栖息地几乎仍然是未知的。已故的米切尔博士在绘制这一物种的形象时仅有的参考样本就是富兰克林的唯一一只亚洲斑旋木雀样本。而我更为幸运一点，布兰福德先生和我的朋友斯塔克豪斯、平威尔和朱利安先生借与了我几个这一物种的样本。朱利安先生的一个样本是在奥德地区收集到的，而平威尔上校又写给我如下信息："我在杧果树丛中捕射了一只样本。它的行为与普通的旋木雀一样，当时正在一个混合鸟群中，显然是在从中部的丛林向奥德山麓或低矮的丘陵上迁徙。"同样幸运的是，在其他的书籍中还出现了更多关于这一物种生活习性和特点的信息，我摘录在下面。

杰顿先生说："这一物种栖息在比哈尔的山岭地区以及中印度等地的相似地带。自从30多年以前富兰克林捕获了这种鸟儿以来，人们似乎再也没有发现过它们，只有霍奇森收到了来自比哈尔的样本，但是这一样本究竟是在哪里被捕获的目前还是未知。"

布兰福德于1867年7月17日在加尔各答地理调查办公室给《鹮》的编者写的信中提到："我想所有关注印度鸟类的人听到富兰克林发现的、长久以来不见踪影的亚洲斑旋木雀再次被发现一定会十分感兴趣。过去的一年里我在那格浦尔及其以南的地方搜集鸟类，在我有幸找到的稀有鸟类中，有八九只属于这一物种，它们大多数都状况良好，也都与富兰克林少校和布莱斯先生的描述相符。在这些地方它们的数量都算不上丰富，戈达瓦里河地区很可能才是这一物种的真正栖息地，在此以北的地区发现的亚洲斑旋木雀应该属于迷鸟。

"亚洲斑旋木雀不是十分机警，总是喜欢贴伏在十分高大的树木上，绕着树干沿各个方向一圈圈地寻找昆虫；我在它们的胃中发现了甲虫；在4月份，雌雄鸟儿开始交配繁殖，但我还没能找到它们的卵。"

插图中为同一只鸟儿的两种姿态。

高山旋木雀

英文名 | *Himalayan Creeper*　拉丁文名 | *Certhia himalayana*

高山旋木雀

鸣禽／雀形目／旋木雀科／旋木雀属

高山旋木雀栖息在印度温和的高地区，与我们普通的旋木雀非常相近，但是它们的翅膀和尾羽上有许多狭窄的斑纹，而且体型也要略大一些。

已故的维戈尔先生首先描绘了我早期来自喜马拉雅山脉的收藏中的几个高山旋木雀样本。在该山脉的大部分地区应该都栖息着一些这样的鸟儿，因为不断地有样本从那里被送来。博伊斯上校收集了许多高山旋木雀样本，但是很遗憾他没有说是从哪里将它们捕获的。

与普通的旋木雀一样，高山旋木雀的雌雄个体十分相似，单从外表上是无法将它们区分开的。肖尔先生和博伊斯上校都说它们以昆虫为食，但是这两位先生都没有对它们的生活习性和行为特点做更多的描述。从自然法则的角度来看，我愿意推断它们也是从树皮上的裂缝中获得食物，就像我们自己国家的旋木雀一样。

高山旋木雀的总体羽毛为极深的棕色，沿头冠部向下有一些更浅的斑纹；上体表其他的羽毛上有一个椭圆形浅棕色或红白色斑纹；主翼羽和副翼羽基部有一条倾斜的宽阔斑纹，为浅黄色，靠近端部还有一条浅棕色斑纹，端部有一个同色的小斑点；肩胛部位和尾羽为浅灰棕色，有许多狭窄的深棕色斑纹；每只眼睛上方有一条狭窄的白色斑纹；喉部为浅白色，下体表渐变为浅棕色；眼睛为深棕色；鸟喙为棕色，下颌基部3/4为黄棕色；腿部为浅棕色。

戴菊喜马拉雅山亚种

英文名 | *Himalayan Goldcrest* 拉丁文名 | *Regulus regulus himalayensis*

戴菊喜马拉雅山亚种

鸣禽／雀形目／戴菊科／戴菊属

戴菊完全是一个北方物种，在赤道以南的地区这一物种还没有被发现。在新大陆上也有两个同属物种分别分布在北美洲和墨西哥。栖息在喜马拉雅山脉地区的戴菊要比日本的戴菊身量大一些，但是它们都要比欧洲人最喜欢的小戴菊身量更大。

关于喜马拉雅山脉地区的戴菊我们目前了解的还很少。

杰顿先生仅仅提到："喜马拉雅山脉的戴菊仅仅栖息在该山脉西北部地区，即使在这些地方它们的数量也算不上十分丰富。"

戴菊整体为橄榄绿色，尾部渐变为黄色，下体表略微有灰色；眼端为灰色；眉羽为棕色，上部有一条黑色斑纹；头冠部中央为黄橙色，外侧边缘为淡黄色；大小翅膀覆羽为黄白色，在翅膀上形成两条斑纹；主翼羽为深棕色，外侧边缘为橄榄色，第六、七、八支羽基部有一个黑色斑点；鸟喙为黑色；爪为浅棕肉色。

白眉鹡鸰

英文名 | *White-browed Wagtail*　　拉丁文名 | *Motacilla maderaspatensis*

白眉鹡鸰

鸣禽／雀形目／鹡鸰科／鹡鸰属

插图中的白眉鹡鸰是同属中最大的一个物种，也是印度的本地物种，它们的栖息地似乎也仅仅是印度地区。除了布莱斯先生提到的下孟加拉地区，整个印度半岛从喜马拉雅山脉脚下到特拉凡科都栖息着这一物种。莱亚德先生在自己的《斯里兰卡鸟类目录》中同样也提到了这一物种。赛克斯上校将这一物种编写进了《德干半岛鸟类目录》中。富兰克林少校在恒河的河岸上以及上印度地区的山脉中捕获了这种鸟儿，而布莱斯先生则在大吉岭看见了这样的鸟儿。

在它们的生活习性方面，博伊斯上校说："这一物种行走十分灵活，跑动十分敏捷，总是不断地翘起尾巴。与同属的其他鸟类一样，它们时常会跳起来追逐苍蝇和其他的昆虫。它们并没有其他的印度物种那样常见，在不同的季节里体重变化较大。"杰顿先生说它们分布在整个半岛上，但是主要栖息在河流附近。我在已故的肖尔先生的画作和笔记中找到了这一物种的信息，他说他于1836年1月23日在一条溪流边射杀了一对雌雄性鸟儿，当时它们正在忙碌着捡食昆虫。和其他的鹡鸰一样，在冬夏两季这一物种都会迁徙。

雌雄鸟儿之间的差异仅仅是雌鸟的上体表为棕色而不是黑色。据布莱斯先生所记录，这一物种的冬装与夏装之间的区别仅仅是眼下羽毛以及颌部和喉部的羽毛为白色而不是黑色。这一鸟类最显著的特征是醒目的白色眉骨斑纹。

黄头鹡鸰

英文名 | *Yellow-headed Wagtail*　　拉丁文名 | *Motacilla citreola*

黄头鹡鸰

鸣禽／雀形目／鹡鸰科／鹡鸰属

插图中的鸟儿为一对羽翼丰满的夏季成年鸟儿。我要说所有的印度黄头鹡鸰样本，凡是头部为亮黄色的，背部就都不是插图中较低的鸟儿那样的深黑色。后一种颜色似乎是季节性的，而且毫无疑问是雄鸟婚羽的特征。关于这一美丽鸟儿的生活习性和特点，目前只有很少的记录。赛克斯上校告诉我们黄头鹡鸰喜欢独处，仅仅栖息在近水边，他从来没有见过两只鸟儿一起觅食。他解剖过的黄头鹡鸰胃部有昆虫的卵和绿色的泥巴。他相信这一物种具备长长的后趾，因此不习惯栖坐，而和其他相似鸟类一样夜间喜欢在地上休息。

杰顿先生说："这一迁徙性的物种最突出的特点是后趾极长。在寒冷的天气里它们会出现在印度的全部地区。它们的数量并不是十分丰富，也从不会栖息在干燥的环境中，河流和湖泊岸边，尤其以沼泽湿地或过水的稻田是它们最喜欢的栖息地。而且它们比同属的其他物种更喜欢隐藏自己。在穆索里，人们看见了繁殖期的黄头鹡鸰，那时它们是一种十分美丽的鸟儿。"

亚当斯博士说这一物种在德干高原和旁遮普很常见，在克什米尔谷的湿地和潮湿地带数量也很丰富，在拉达克相似的地区也是如此。

在繁殖期，黄头鹡鸰头部、颈部、胸脯部位和下体表为深黄色，侧腹为橄榄绿色；背部为深黑色；翅膀为暗黑色；主翼羽边缘为灰色，三级飞羽边缘为白色；翅膀覆羽为黑色，宽阔端部为白色，在翅膀上形成了两条斑纹；下尾部覆羽为黄白色；尾部为黑色，最外侧羽毛为白色，内羽片的一部分和外羽片基部例外；鸟喙和爪为黑色；虹膜为棕色。

雌鸟的头部以及在雄鸟身上为黑色的部位是深灰色，眼睛上方有一条黄色斑纹，翅羽边缘有模糊的白色斑纹。

幼鸟的上体表为棕灰色；下体表为暗白色，一些样本的该部分带有黄色，颈部有暗灰色斑点；翅膀不是纯白；眼睛上方的条纹、前额、颌部和耳部覆羽为黄色。

树鹨指名亚种

英文名 | *Olive-backed Pipit*　　拉丁文名 | *Anthus hodgsoni*

树鹨指名亚种

鸣禽 / 雀形目 / 鹡鸰科 / 鹨属

当前这一树鹨与欧洲的树鹨极其相似，一些人(其中包括斯温霍先生)认为它们是一个物种在不同地区的亚种，而杰顿先生和布莱斯先生则认为它们是不同的物种。这些鸟儿之间的差异的确是非常细微的，但是这些差异是稳定的，与其他的欧洲物种和印度物种之间的差异一样。印度的树鹨要比欧洲树鹨个头大得多，而且背部有更绿的光泽，深棕色的斑纹也要少一些，而喉部为醒目的深黄褐色，胸脯部位的斑纹更加显著。

树鹨在旧大陆的东部地区享有极为广阔的分布，分布在印度半岛，中国大陆和台湾岛，而且据斯温霍先生说，在日本这种鸟儿极为普遍。与欧洲的树鹨一样，这一树鹨的雌雄个体间在外形上只有很小的差异。对它们的筑巢方式我们几乎还没有任何了解。

布莱斯先生告诉我们："在寒冷的季节里，许多这样的鸟儿栖息在孟加拉；而且在这片土地上，似乎只要是环境适宜，在树丛和花园中就能看到它们的身影；即使它们算不上喜欢群居，也总是小群栖息在一起。在任何一片树丛中都能见到许多树鹨。我注意到，在傍晚时候，小群树鹨常常会零零散散地在栖息地上空飞来飞去，有时两三只，有时多只，有时只有一只这样的鸟儿；每一只鸟儿都会不断地发出微弱的啾啾声，几只鸟儿常常会紧挨着停落在同一棵树上。一直到天完全黑下来，它们才会安静下来。要猜出它们是什么物种并不容易，除非将其中的一只鸟儿打落下来。我从来没有听过这一物种鸣唱。据说它们的肉质鲜美可口。"

杰顿先生说："印度树鹨与欧洲的树鹨十分相似，但是外形上略有不同。在寒冷的季节里，整个印度地区都栖息着这一物种。它们是一种冬候鸟，在10月初到来，次年4月末离开。它们会到访花园、小树林和稀疏的树丛，有时也会来到粮田、多树木的河床、水塘边缘和其他潮湿的地方。它们通常在地面上进食，会吃各种昆虫和种子，在受惊时会立即飞到最近的树上。然而它们时不时地也会在树上进食，在高处的枝干上蹦来跳去，偶尔也会飞出去咬住一只昆虫，当地人说它们会吃掉大量的蚊子。加尔各答和孟加拉其他地方的餐桌上常常可以见到以这种鸟儿为食材做成的食物。”

亚当斯博士说这一物种在德干高原以及旁遮普北部很常见。冬季，在旁遮普，大群这样的鸟儿会群居在一起，而在下喜马拉雅山脉地区这一物种的数量要少一些。

斯温霍先生提起他在中国观察到的树鹨时说：“冬季，树鹨栖息在中国南方，夏季则栖息在中国北方和中国以北的国家及日本。”在他的台湾地区鸟类笔记中，他写道：“冬季，在所有的小树林和小灌木丛中，这一物种的数量都十分丰富，它们在树荫下觅食。在春季它们离开南方，向北方迁徙，只有少数鸟儿留在南方繁殖。幼鸟的背部更绿一些，斑点更明晰。成年鸟儿上体表颜色更庄重，斑点更模糊。夏季，它们的全身都带有红褐色，但是眼端以上的部分、眉羽和下体表着色更显著，腹部中央几乎为白色。”

红喉鹨

英文名 | *Red-throated Pipit*　拉丁文名 | *Anthus cervinus*

红喉鹨

鸣禽／雀形目／鹡鸰科／鹨属

根据那些在野外观察到这一物种的人所述可判断，红喉鹨冬季栖息在东欧地区，而在夏季它们则更常来到拉普兰、芬马克、俄国北部和西伯利亚，并在所有这些地区繁殖。同一个季节里，它们显然也会到访克里米亚地区，因为我的插图中所描绘的样本就是在这一段时间里从这个地区捕获的。

关于这一物种，目前只有很少的信息被记录了下来，只有牛顿教授就这一问题论述过，因此我就将牛顿教授在布里博士著作中的论述摘录在下面。

在提及冬季这一物种在埃及、努比亚、希腊、土耳其和巴巴里数量十分丰富时，布里博士说道："阿尔弗雷德·牛顿先生描写了这一物种在东芬马克地区的发现，并将这一段笔记送与了我。'1855年6月22日，我们到达瓦德瑟后的第三天，辛普森先生和我向该地的东北部走去，在走了大约3千米时见到了一座池塘，这个池塘看上去比我们在挪威遇到的任何地方都存在着更多让一个鸟类学家欣喜的可能。我们走过房屋前面的草地，青脚滨鹬和角百灵正在快乐地鸣啭；当我们穿过了一片落寞的泥沼时，一对欧金鸻用自己哀怨的鸣声告诉我们它们的卵或幼鸟就在附近。正当我在这危险的土地上小心谨慎地前行了一会儿后，我看见一只红喉鹨从我的脚下飞了出来，很快它又在我的附近停了下来，它的行为动作让我确定这是一只雌鸟。我只要走下当时我所在的一个长满青草的小丘就能看见它半掩藏在植物间的鸟巢。但是鸟卵的样子让我吃了一惊。这些鸟卵与过去我所熟悉的鸟卵都不像，为棕色，与这种颜色相似的物件我只能想起古老的桃花心木，我在心里默默地把它们与铁爪鹀的卵做了比较。然而，这只鸟儿在我的四周跑动，我用放大镜观察它，效果就像将它拿在手里看一样好。我将鸟卵放了回去，没有破坏鸟巢，然后仔细地标记了位置才离开。过了半个小时左右，我们回来了，蹑手蹑脚地走到这个地方。辛普森先生将胳膊伸向周围掩蔽的青草堆上方，敏捷地将要飞起来的鸟儿捉在了手里。看到了它浅黄褐色的喉部，我立即知道了我们发现的这个鸟巢属于一种目前在欧洲只是偶然到访的迷鸟——红喉鹨。'"

米登多夫说:"这种鸟儿栖息在整个西伯利亚地区。锈黄色的西伯利亚红喉鹨羽毛上带有一些浅紫色,与斑鸠胸脯部位的颜色有些相似。这种羽毛覆盖着眼睛附近的脸颊、胸脯部位、侧腹、颈部和胸脯上部分。只有在5—7月份的时候它们才会长出这样的羽毛。"

崔斯特瑞姆先生2月份在沙伦平原捕获了一只这样的鸟儿,当然那时还是冬季。

斯温霍先生说:"在中国南部和台湾地区,红喉鹨是一种冬候鸟,它们会飞去堪察加半岛和北部地区度过夏天。迟至5月的第一周,成群这样的鸟儿还会飞过厦门的上空。在离开中国之前,这些鸟儿会完成一次全面的换羽。这时候它们的尾羽、喉部和胸脯部位会呈现出浅红色,还多多少少混杂着赭色,但是没有斑点。随着求偶季节的到来,银色的着色逐渐加深为均匀的暗红色,这样的颜色慢慢还会延伸到下体表。我有一系列的样本可以展示出这一物种从冬天到夏季羽毛的逐渐变化。"

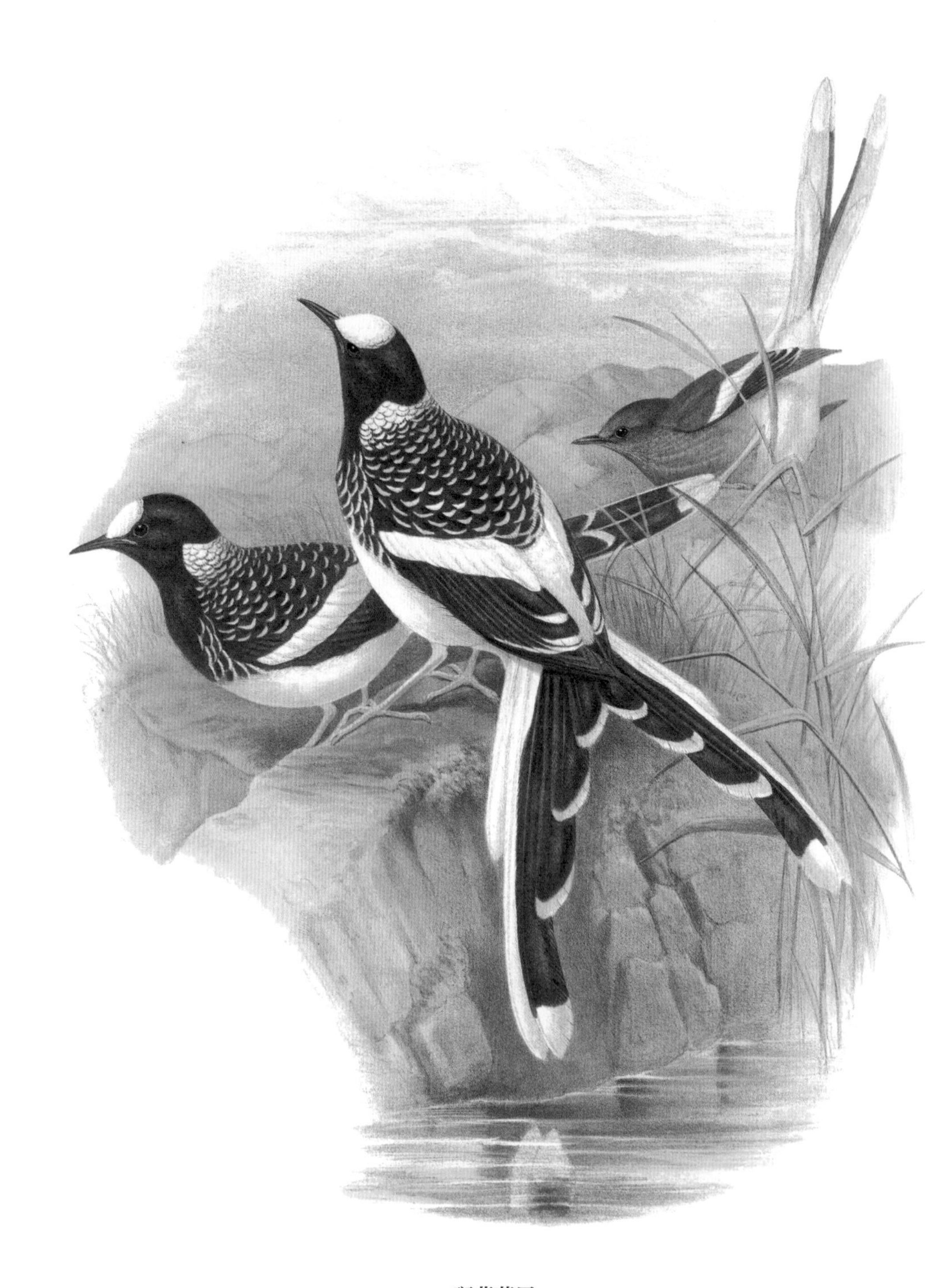

斑背燕尾

英文名 | *Spotted Forktail*　　拉丁文名 | *Enicurus maculatus*

斑背燕尾

鸣禽／雀形目／鹟科／燕尾属

燕尾属鸟类是它们所栖息的高海拔地区多岩石溪谷中最醒目的一道风景。

亚当斯博士说，斑背燕尾是“克什米尔谷南部山涧溪流中的常见物种。在山涧溪流两侧茂密纠缠的丛林中这种美丽的小生物在岩石间跳跃嬉戏；它们像一只只巨大的蝴蝶一样振动翅膀，专心地搜寻会飞的猎物，并不时地发出一声沙哑的尖叫，尾羽像扇子一样展开，沿着水边跑过”。

杰顿先生说：“这种美丽的鸟儿是喜马拉雅山脉风景画中亮丽的一笔。要是你突然穿过道路或小径，来到一条山间小溪上，要是周围有一个小瀑布就更好了，那么你一定能看见一只这样的鸟儿。它要么在小路上，要么在溪流中的岩石上。若是你在小路上发现了它，它有时会从你面前飞过，来到小路另一边的另一条小溪上，连续十几次重复着这样的行为；但是更多的时候，当你靠近它时，它会立即迅速地飞进丛林中并且消失在溪流上游。不过在茂密的丛林中它们并不会飞很远。我不能说我见过栖坐下来的斑背燕尾，但是有一两次我的确以为我看到了。在较大的溪流上，它们会在岸边的鹅卵石上跑动，但是更多的时候湍急的水流中被浪花冲刷的岩石才是它们经常光顾的对象。在那里它们捡食各种小昆虫和虫卵，这些是它们的主要食物。

“总体来说，这是一种喜欢独处的鸟儿。有时候两三只斑背燕尾会出现在同一个地区，不过在这些时候每一只鸟儿都会试图将其他的鸟儿赶走；鸟巢是用树根、植物纤维和少许苔藓建起来的；鸟卵有3～4枚，为绿白色，有少量锈棕色的斑点。”

小燕尾

英文名 | *Little Forktail*　　拉丁文名 | *Enicurus scouleri*

小燕尾

鸣禽／雀形目／鹟科／燕尾属

宏伟的喜马拉雅山脉被认为是小燕尾的唯一栖息地。小燕尾所属的燕尾属鸟类全都是小溪流浅滩、湍急大河和大瀑布的钟爱者；它们看似纤弱的爪可以十分灵敏地在最混乱的岩石、堆积物和沙砾上走动，寻找食物，而这显然是任何一个其他的物种都做不到的。

杰顿先生说："这一种小燕尾似乎分布在整个喜马拉雅山脉地区，但是在该山脉的东部地区，这一物种的数量最为庞大。詹姆士说它们在该山脉西北部十分罕见，而亚当斯在克什米尔地区观察到了这一物种，并说在那里它们并不及斑背燕尾常见。在大吉岭附近，这一物种的数量比较多，但是它们并不会像斑背燕尾那样沿着溪流溯源而上，来到海拔极高的地方。小燕尾的数量在海拔600~1500米的地方最为丰富。它们并不喜欢小溪流，而主要栖息在较大的湍急水流边。这些水流中的岩石常常被奔涌的流水淹没，而这些鸟儿就常常栖坐在这样的地方。它们几乎总是在这样被冲刷过的岩石上进食，会十分轻松地追逐回退的浪花或者爬上一块光滑的岩石。它们常常还要与红尾水鸲争夺一块岩石，但是它们往往总是会被体力更加充沛的敌人成功地击退。它们以各种各样的水生昆虫为食，主要食用脉翅目虫卵。显然这些猎物就寄居在潮湿的岩石和湍急的水流边。

"别人给我送来过一个小燕尾巢穴，说这个鸟巢是在一条溪流附近的岩石壁架上发现的。这个鸟巢中有3枚卵。这些卵与斑背燕尾的卵非常相似，但是尺寸要小一些。"

已故的博伊斯上校在某年的12月份看见了这样的鸟儿，并写道："这一物种栖息在山间河流边，看起来很喜欢被浪花打湿；有时它们似乎完全被浸没在了水下，当它们在水下的时候我有几秒钟都看不见它们；小燕尾以昆虫为食。"

长嘴百灵

英文名 | *Long-billed Calandra Lark*　　拉丁文名 | *Melanocorypha maxima*

长嘴百灵

鸣禽／雀形目／百灵科／百灵属

伦敦维尔街的沃德先生送来几只鸟儿样本让我研究，在其中我发现了一只插图中这样的大而奇特的百灵物种。他说这些鸟儿是从阿富汗收集来的，但是具体是阿富汗的哪一地区并不确定。一眼看去这只鸟儿与所有的百灵都不那么相似，因此我怀疑它可能是一个新的属；但是在将它与草原百灵和三四个相近物种仔细比较后，我发现尽管它的鸟喙较长，它与这些鸟儿仍然属于同一属。除了鸟喙外，长嘴百灵的每一部分结构和羽毛颜色及斑点特征都与同属鸟类都极为相似。我将这一样本交与布莱斯先生，他的观点与我不谋而合。

长嘴百灵的头部、颈部、整个上体表和翅膀为深棕色，每根羽毛边缘均为浅棕色；主翼羽为深棕色，外侧羽毛外部边缘一直到端部均为白色，其他则为棕白色；外侧尾羽为白色，只有内羽片基部为浅棕色，外侧边缘和端部为白色，越接近中央这些特征就越小；眼睛上方条纹为暗白色，耳部覆羽后部至颈两侧有棕色着色，并与侧腹暗淡的浅黄褐色羽毛相融合；鼻孔至眼睛和耳部覆羽为棕色，后者的羽毛中央颜色更深；嘴角的棕色羽毛中有一条灰白色的髭须状斑纹；颈部两侧、肩膀前部有少量深棕色羽毛，边缘为沙黄色；喉部和下体表为十分浅淡的棕色或奶油白色；鸟喙为浅蓝的肉色，在下颌基部变为浅黄色；腿和爪为浅棕色，十分粗短而强壮；脚爪为黑色，后趾的脚爪通常粗壮而笔直。

BIRDS OF ASIA

VOLUME V

OSCINES (Ⅳ)

卷 五

鸣禽（Ⅳ）

褐翅雪雀

英文名 | *Adams's Snowfinch*　　拉丁文名 | *Montifringilla Adamsii*

褐翅雪雀

鸣禽／雀形目／雀科／雪雀属

亚当斯博士首先发现了这一物种，弗雷德里克·摩尔先生用亚当斯博士的名字来命名了这种鸟儿，以纪念他在科学上的杰出贡献。

与欧洲、中国西藏和西伯利亚地区的许多其他鸟类一样，当前这一物种根本没有美丽的羽毛，但是作为一种新的雀科鸟类，它们依然引起了鸟类学家的注意。

亚当斯博士的如下笔记记录了这一物种的所有已知信息：

“这种最近新发现的物种栖息在拉达克的荒地和高山上，它们以生长在这一荒凉地区的某些植物种子为食。小群褐翅雪雀往往一起觅食和休息，在生活习性上它们是严格的陆栖生物。它们的鸣声和行走方式与百灵十分相似。鸟巢是用干草营建，通常建在路边的岩石堆以及鞑靼人建造的长长的堤坝上。我的样本射杀于1852年7月。”

雌雄褐翅雪雀在外表上有没有差异这一点尚不明晰，但是它们在羽毛颜色方面很有可能是十分相似的；当年的幼鸟与成年鸟儿的不同在于：

成年鸟儿的鸟喙为浅黄色，羽毛颜色为更浅的淡黄色或黄褐色，翅膀上的黑色和白色羽毛对比更小一些；头部和上体表为浅灰棕色或灰色；翅膀为棕黑色，大覆羽和副翼羽端部为白色；小翼羽为白色，每根羽毛端部为棕色；两支中央尾羽为棕黑色；侧部羽毛为白色，端部略为黑色，从中央到两侧这一斑点也逐渐变小；下体表为奶白色；鸟喙、腿和爪为黑色。

幼年鸟儿的羽毛颜色通常更浅；副翼羽和外侧尾羽边缘有浅黄色着色；翅膀覆羽的白色浅一些，翅膀的棕色部分也浅一些，因此不及成年鸟儿的对比鲜明；下体表为浅黄色，鸟喙为黄色。

小鹀

英文名 | *Little Bunting*　　拉丁文名 | *Emberiza pusilla*

小鹨

鸣禽／雀形目／鹨科／鹨属

小鹨是同属中分布最为普遍的一种鸟类，在旧世界的北半球地区它们的分布十分广阔，中国、喜马拉雅山脉地区、印度、欧洲中部和北部都生活着这样的鸟儿。它们有时候也会出现在赫里戈兰，而且至少在不列颠群岛出现过一次。

帕拉斯是第一个让我们知晓这种鸟儿存在的人，他说小鹨栖息在道里亚山脉河流附近的地区以及激流间的松林中。霍奇森先生将这一物种写进了他的尼泊尔鸟类目录中。斯温霍先生评论说在中国北部小群这样的鸟儿常常在北京附近的河渠岸边和水塘边缘出现，而在冬季，少数这样的鸟儿也会来到中国南方。杰顿先生说："在冬季，整个喜马拉雅山脉上都栖息着这样的鸟儿。我在大吉岭捕获了小鹨，霍奇森在尼泊尔捕获了另外一些样本，而亚当斯也在西北部地区捕获了这一物种。小群这样的鸟儿会一起来到低矮灌木丛中裸露的地面上。亚当斯说它们的生活习性与朱顶雀相似。在寒冷的冬季它们或许也栖息在印度北部平原上的相似地区。"

拉德说："我于9月18日捕射的一只样本为雌鸟，这只鸟儿与帕拉斯的描述十分相似。秋季时候，这一鸟儿的头部羽毛边缘变为锈黄色，这一颜色使得黑色侧面斑纹和锈色中央条纹看上去都变得模糊，仿佛只是一些斑点。它们在湿地草丛间的地面上产卵。卵有五枚，卵壳为灰白色，表面有许多浅紫棕色的斑点和斑纹。直到6月17日这些鸟卵还没有完全孵化。我们还注意到在树林中草丛间的四周还有一堆堆未融化的积雪。"

田鹀

英文名 | *Rustic Bunting*　　拉丁文名 | *Emberiza rustica*

田鹀

鸣禽／雀形目／鹀科／鹀属

田鹀的主要栖息地在中国北部和日本。在过去的几年里，一些迷鸟和许多其他的东方鸟类从它们的自然栖息地上溜出来，在其他的地区被发现和捕获，其中就包括赫里戈兰和德国。在我看来，哪怕是智慧过人的鸟类学家也难以解释鸟类这种四处游荡的现象，但是我们还没有在英格兰发现这一物种，也没有在收藏中找到这一物种的标本，直到1867年10月23日，一只精美的雌鸟在布莱顿附近被捕获。它在苏赛克斯的出现是布莱顿的罗利先生告诉我们的，这位先生对自然历史有着无上的热爱，判断力也不比我们任何一位鸟类学家差。鸟类学家们应该都还记得，早在1864年11月8日的动物学会会议上，他就从布莱顿捕获的小鹀样本向我们做过报告，他还让我们知道在同一个地区还有3只平原鹨被捕获。有这样一位充满热情的鸟类学家在我们中间，我们真的是非常幸运，他不仅对于现存的鹀科鸟类极为关注，对于已经灭绝的恐鸟鸟卵也同样注意，他的收藏中就有一枚目前来说最为完美的恐鸟鸟卵。

关于罗利先生在苏赛克斯发现田鹀有一些信息："1867年10月23日，斯维斯兰德先生给我寄来了一只刚刚从布莱顿附近捕获的活的鸟儿，接着我就为这只鸟儿做了鉴定。第二天一早，在他的家里，我告诉他这是一只田鹀，蒙克先生随后就将它买了下来。"

斯温霍先生在他的"1860年6月21日至7月25日在中国北部的大连湾观察到的鸟类笔记"中写道："我常常看到这种鸟类，它们似乎是这里的唯一一种常见鸟类。它们常常栖息在长满青草的山岭；我常常能看见几只这样的鸟儿在地面上寻找小种子和昆虫。常常会有一只雄鸟从岩石顶部飞过，不断地发出一串美丽的音符，听起来婉转而甜美。目前我在中国南部还没有遇见过这种鸟儿。"

10月份，亨利 · 怀特利先生在日本射杀了一些这种鸟类，并告诉我们鸟喙为红棕色，虹膜为深褐色，腿和爪趾为棕肉色。

黑顶麻雀

英文名 | *Saxaul Sparrow*　　拉丁文名 | *Passer ammodendri*

黑顶麻雀

鸣禽／雀形目／雀科／雀属

麻雀属的鸟类(其中家麻雀可以被看作是一个典型物种)十分广泛地分布在旧大陆的许多地区。同属鸟类大约有15种,其中4种鸟类栖息在欧洲;非洲栖息着7种或更多该属鸟类;其他的物种栖息在小亚细亚、巴勒斯坦、印度、中国和日本;最近鸟类学家们还在土耳其斯坦新发现了一个十分独特而且极为有趣的物种。

所有这些鸟儿的体型大小都极为相似;羽毛颜色都不算鲜艳多彩,但是总体来说雄鸟的头部和喉部有显著的斑纹,而雌鸟并不具备这一特点。一些物种十分愿意与人类亲近,栖息在村庄、城镇和大城市里,而另一些物种则会来到空旷的田野,成百上千这样的鸟儿会在岩石、树林和大片芦苇丛中栖坐下来。整体上它们可以说是一种非常喜欢群居的鸟儿。许多人认为该属鸟类在美洲也有相似的分布,但是事实并不是这样,除了家麻雀是从欧洲引进到该地区的,并没有其他的同属鸟类在该地区被发现。澳大利亚、新西兰和波利尼西亚也是如此。

在外形和大小方面,土耳其斯坦的麻雀与家麻雀极为相似,但是看一眼我们的插图,相信读者立即能分辨它们的羽毛色彩是十分不同的,而这一区别也足以将它们区分为不同的物种。关于这一物种的生活习性人们了解的还很少。

和大部分同属鸟类一样,黑顶麻雀不属于迁徙性的鸟类,或许永远不会离开栖息地的高原。若不是如此,在中国、印度和欧洲的东部地区人们也一定能见到它们。

金翅雀

英文名 | *Eastern Goldfinch*　　拉丁文名 | *Carduelis orientalis*

金翅雀

鸣禽 / 雀形目 / 燕雀科 / 金翅雀属

插图中的鸟儿来自中亚地区，它们的身量比红歌金翅雀更大，更加有力量，鸟喙更长，颜色没有那么红润，更为苍白，与荒漠的颜色相似。

帕拉斯认为这一鸟儿是普通金翅雀的一个变种，他于某个夏季在叶尼塞河的岸边发现了这一物种。

针对此，谢韦尔佐夫博士的记录也十分准确。他写道："这一鸟儿不仅仅是欧洲金翅雀在不同的气候影响下产生的变种。它们的头部没有黑色斑纹，背部和胸脯部位的灰棕色也被灰色取代。两个物种都栖息在天山上。这些明显的特征在我见过的几百个样本身上都是稳定的。"

成年鸟儿的上体表整体羽毛为灰棕色，外形较为苍白，肩胛部位和翅膀小覆羽颜色与背部一致；主翼羽和大覆羽为深黑色，后者接近端部为金黄色；飞羽为黑色，外羽片一半为金黄色，最内侧副翼羽外羽片为白色，在靠近翅膀中央的部位渐变为一个白点；尾部和上尾部覆羽为纯白色；尾部为黑色，端部有大块白色斑点，两支外侧羽毛内羽片几乎全部为白色，端部和基部为黑色；前额、两颊前部和颌部为猩红色，眼睛前部的羽毛为浅黑色；耳部覆羽和下体表为浅灰棕色，胸部有灰色阴影；喉部、腹部和下尾部覆羽为浅白色；下翅膀覆羽、腋羽和飞羽内覆羽为白色，靠近翅膀边缘的小覆羽为暗黑色，端部为暗白色，略微带有一些黄色。

插图中的鸟儿是参照我收藏的一对土耳其斯坦的鸟儿样本绘制的。

黑尾蜡嘴雀

英文名 | *Chinese Grosbeak*　　拉丁文名 | *Eophona migratoria*

黑尾蜡嘴雀

鸣禽／雀形目／燕雀科／蜡嘴雀属

黑尾蜡嘴雀在中国的分布十分普遍。里夫斯先生慷慨借与我的收藏中就有这一物种的样本，这些鸟儿是在上海地区被捕获的。威廉姆·贾丁先生也从广州捕获了几只这一物种，而我也从舟山岛收获了一些黑尾蜡嘴雀样本。显然在欧洲人熟悉的所有中国地区都栖息着一些这样的鸟儿。里夫斯先生在寄给我的一个样本标签上写到在这个样本的嗉囊中发现了谷物和少许沙砾。

许多黑尾蜡嘴雀的鸟喙颜色差异较大，一些样本的鸟喙为橙黄色，而另一些的鸟喙基部为同一颜色，但是端部为石板紫色，在繁殖季节整个鸟喙甚至都是同样的颜色。

黑尾蜡嘴雀的头部、两颊和喉部为深黑色，有钢蓝色光泽；背部为树棕色，颈后部褪色为灰棕色，尾部和上尾部覆羽几乎为纯灰色；翅膀为棕色，大覆羽有钢蓝色光泽；小翼羽端部为白色；第一、第二、第三和第四支主翼羽大块端部为白色，第五支羽毛端部半寸长为白色，第六支端部的白色羽毛更少，其他的羽毛仅有略微的白色端部斑纹；副翼羽端部大块为白色；尾部为深黑色，有钢蓝色光泽；颈下部和胸脯部位为暗灰色；腹部和侧腹为浅黄色，有栗色光泽；肛门部位和下尾部覆羽为浅黄白色；鸟喙为亮黄色；虹膜为红色；腿为浅粉色。

雌鸟的整体羽毛为灰棕色；翅膀为深棕色，主翼羽外侧边缘端部为白色，副翼羽端部为白色；两支中央尾羽为灰色，端部为暗黑色；侧部羽毛为深棕色。

大朱雀

英文名 | *Great Rosefinch*　　拉丁文名 | *Carpodacus rubicilla*

大朱雀

鸣禽 / 雀形目 / 燕雀科 / 朱雀属

大朱雀是目前被发现的体型最大的朱雀属鸟类。它们的自然栖息地是西藏的高山地区和高加索的北部地区以及阿尔泰山，从所有这些地方我都捕获过大朱雀样本。在身形方面，这些地区的样本没有差异，但是西藏的大朱雀颜色更浅一些。然而我认为这一小小的差异是由气候变化造成的，不足以用来区分种属。插图中，浅色样本是一只来自印度的雄鸟，深色的那只也是雄鸟，是我经斯特里克兰先生从圣彼得堡得来的。

与同属的其他鸟类一样，大朱雀雌雄个体之间也存在着较大的差异，这点从插图中可见。

莱瑟姆在他的《鸟类通史》中说道，在高加索山脉的寒冷地带栖息着这种鸟儿。它们出没在多岩石的溪谷间，主要以那里十分多见的沙棘浆果为食，而这些植物也主要借助大朱雀来传播种子。人们常常可以见到大群这样的鸟儿，它们的鸣声与红腹灰雀不无相似之处。

插图中展示了深色和浅色的雄鸟以及一只雌鸟。

长尾雀

英文名 | *Long-tailed Rosefinch*　　拉丁文名 | *Carpodacus sibiricus*

长尾雀

鸣禽／雀形目／燕雀科／朱雀属

帕拉斯是这一物种的发现者，他在阿尔泰山的河流岸边掩映的杨树林中和整个东西伯利亚地区都发现了丰富的长尾雀。冬季，小群长尾雀会在灌木丛中栖息觅食。它们以各种植物的种子为食。它们的鸣声与普通的朱顶雀相似。拉德博士从东西伯利亚的大部分地区捕获了长尾雀，据戴伯斯基博士说这一物种在那里十分常见。大卫神父说冬季时候他在北京地区曾多次看见过这样的鸟儿，在4月11日，他甚至捕杀了一只精美的雌性长尾雀。由此看来，一些长尾雀在冬季过去之后也不会离开。

波拿巴和施莱格尔在他们的专著中对这一鸟儿做了如下的描写：

"成年雄鸟的前额和眼端为深红色；头上部、两颊和喉部为有光泽的玫瑰白色，头顶部多多少少带有一些灰色；翕和肩胛部位羽毛为灰色，多少带有玫瑰红色，每支羽毛中央有一条纵向斑纹，为深灰色或浅黑色。尾部、翅膀小覆羽、胸脯部位和腹部为玫瑰色，略微带有深红色。飞羽为黑色，边缘为白色；内副翼羽边缘有宽阔的白色斑纹。翅膀大中覆羽大部分为纯白色，但是靠近基部为黑色。尾羽上的伞条中央斑纹为黑色，三支外侧羽毛则为白色，羽轴为黑色，内羽片边缘为黑色；雄鸟的翅膀下覆羽为白色，小覆羽有玫瑰色光泽；雄鸟的红色部分在一些样本上十分清晰，在另一些样本上则较为模糊。

"雌鸟的羽毛底色为黄灰色，上体表更清晰，在身体喉部接近白色。帕拉斯说这些部分有时会显现出红色的光泽。"

插图中的两只雄鸟和一只雌鸟是参照我自己收藏的样本绘制。

赤翅沙雀

英文名 | *Crimson-winged Finch*　　拉丁文名 | *Rhodopechys sanguineus*

赤翅沙雀

鸣禽/雀形目/燕雀科/红翅沙雀属

正如赤翅沙雀的翅膀和尾羽颜色所示，这种帅气的鸟儿是中亚大沙漠平原上的居民。早在1837年我就对这一物种首次做了描述，当时描述的是一只在伊朗被捕获的雄鸟，后来其他作者又在不同的作品中对它做了描述。但是目前最为具体的描述应该是德雷瑟先生在欧洲鸟类作品中所做的。鉴于直到今天我也没能见到活的赤翅沙雀，我就擅自将德雷瑟先生的描述摘录在下面：

“这种美丽而罕见的鸟儿似乎仅仅栖息在我到访的鸟类栖息地的东南部地区，从高加索到巴勒斯坦，直向东来到土耳其斯坦。然而有些奇异的是，洛凯记录了这一物种在阿尔及利亚的出现，还说仅仅在该地区的北部遇见过这种鸟类。他说他见过一只来自突尼斯边境的赤翅沙雀，说这只鸟儿是比佛利博士捕获的。还有一只状况十分不好的鸟儿是在扎哈恰被发现的，然而我必须说去扎哈恰旅行的人们从来没有在西北非见过这种鸟儿，因此很有可能洛凯的记录存在着一些错误。

“布兰福德先生告诉我他仅仅在最近一次去往伊朗的途中见到了这种鸟儿。当他走在厄尔布尔士山脉高大峡谷中的路上时，路边的某块陡峭的岩石上栖坐着一群赤翅沙雀，他幸运地捕获了其中三只鸟儿。谢维尔佐夫博士在土耳其斯坦看到了这种鸟儿，并说，它们栖息在这个地区，但是分布十分零散。事实上，在我看来，在任何一个地方这种鸟儿都算不上数量丰富。崔斯特瑞姆教士幸运地看到了活的赤翅沙雀，并写给我下面的笔记：‘我仅仅在黎巴嫩见过两次赤翅沙雀。第一次是在某年的5月末，我看见了一只羽毛十分漂亮的雄鸟(我猜想是这样的)。那时是在山的一侧，树木十分稀疏，它在树木之间开阔的空间里不停地飞来飞去，我找不到能躲藏的地方，因此没能将它捕获。几天后，我在灌木丛和矮小的雪松间捕射了一只雌鸟，但是我在附近并没有看见其他的赤翅沙雀。不过附近有许多灰眉岩鹀，这只鸟儿也混在其中一同活动。柯克兰先生在同一周也杀了一只鸟巢中的鸟儿，并把这个鸟巢带回了营地，其中还有一枚卵。他好心地将这只鸟儿送给了我，而我也将它收藏了起来。他告诉我他是在一棵树上发现的这个鸟巢。在我的印象中，这个鸟巢和普通的雀科鸟类的巢穴相似。这种鸟儿似乎喜欢到访稀疏的灌木丛和树林间开阔的地方，而不喜欢茂密的森林。’崔斯特瑞姆先生在上文中提到的鸟卵被我收藏了起来，可以说它是唯一一枚来源可靠的赤翅沙雀鸟卵样本。柯克兰先生将这枚鸟卵送与了我，并说他于1864年5月24日在黎巴嫩著名的雪松林附近发现了这只鸟巢，其中还有一枚卵，他成功地射杀了亲鸟并将其送给了崔斯特瑞姆教士。不幸的是他并没有保留这个鸟巢，也没能向我描述更多这一鸟巢的信息，事实上关于这一物种的筑巢方式，他也没有只言片语。这枚鸟卵为白色，带有浅灰海绿色和极细小的灰色斑点。这些斑点主要位于鸟卵大的一端。”

鉴于样本的颜色有一些差异，我必须要求我的读者们亲自去观察插图中的鸟儿来做判断。这些鸟儿是参照来自伊朗的样本绘画的。

沙雀

英文名 | *Trumpeter Finch*　　拉丁文名 | *Bucanetes githagineus*

沙雀

鸣禽／雀形目／燕雀科／沙雀属

沙雀是一种主要栖息在沙漠地区的鸟类，它们的栖息地主要在地中海至伊朗一带，从加那利群岛到非洲西北部地区、埃及、努比亚和阿拉伯半岛以及巴勒斯坦甚至一直向东的地区都是这一物种的栖息地。

谢利上校在他的《埃及鸟类》中写道："这一漂亮的小鸟鲜红的鸟喙十分醒目，在上埃及和努比亚地区数量极为丰富。成对成群的鸟儿栖息在沙漠边缘，它们会飞进农田中寻找食物。它们的食物主要是各类小种子。当成群的鸟儿在农田中飞来飞去啄食幼嫩的种子时，不堪重负的植物总是在风中拼命地摆动。在飞行方式上，沙雀与朱顶雀十分相似。它们浅玫瑰色的羽毛与其他的埃及雀类明显不同。"

沙雀的鸣声与小号声相似，德雷瑟先生针对这一特点写道："博勒博士说雄鸟的鸣声与小号的低音十分相似，有时高而清晰，有时拖长而沙哑。它们的歌声十分单调，有时就像儿童的木质玩具小号发出的声音。"

谢利上校对成年雄鸟做了如下描述："鸟喙周围的羽毛有明亮的玫瑰红色着色；头冠部、耳部覆羽和颈部两侧为细腻的灰黑色，颈背部和背部为柔和的粉棕色；尾部和上尾部覆羽为粉色，羽毛边缘为深红色；尾部为棕色，羽毛基部边缘为相似颜色；下体表为粉色，羽毛末端为深红色；鸟喙为明亮的橙红色；腿为棕肉色；虹膜为棕色。冬季时，深红色的羽毛会变成粉色。"

雌鸟的颜色更加暗淡，几乎没有任何红色的羽毛；上体表为暗锈棕色，下体表与之相似，但是颜色更浅；翅膀比雄鸟更浅，飞羽外羽片边缘有刚刚能辨别的一点点粉色；尾羽为暗棕色，羽毛边缘基部为浅红色；上尾部覆羽端部略微为玫瑰红色。

插图中展示的雌雄鸟儿，雌鸟是我自己的收藏，雄鸟是谢利上校慷慨借与我的。

北朱雀

英文名 | *Pallas's Rosefinch*　　拉丁文名 | *Carpodacus roseus*

北朱雀

鸣禽／雀形目／燕雀科／朱雀属

当前这一美丽的北朱雀自然栖息地是西伯利亚和古北区的东部地区，但是它们偶然在欧洲的出现也引起了人们极大的兴趣。波拿巴和施莱格尔说，尽管较为罕见，少数北朱雀还是会出现在俄国、匈牙利、甚至德国。

帕拉斯首先发现了这种鸟儿，他说，它们在西伯利亚北部地区的勒拿河和通古斯卡河河岸上筑巢，冬季栖息在乌第河附近长满柳树的小岛和沙漠地带上。戴伯斯基博士发现在迁徙的季节里这一物种在东西伯利亚地区很常见，但是它们既不会在贝加尔湖南侧，也不会在道里亚地区筑巢。大卫神父观察到这种鸟儿在西伯利亚的东部地区十分常见，在秋季末，大群这样的鸟儿还会到访北京地区，但是在春季时候它们就完全从中国消失了，在冬季末它们就回到了北方地区。在极端寒冷的天气里，它们以种子和小谷物为食。这些也构成了它们的主要食物。

波拿巴和施莱格尔在自己的作品中对这一物种做了如下描述：

“成年雄鸟的下体表、头部、颈部、尾部和上尾部覆羽为漂亮的玫瑰色，在下腹部和下尾部覆羽上过渡为白色；这些部位的羽毛靠近基部的一半均为浅黑色，这一着色常常会延长，有时呈尖尖的形状，延伸至羽片中央；额部羽毛和喉部羽毛尖锐，为明亮的白色，略微有玫瑰色着色；每支翕部羽毛上有一个较大的浅黑色尖锐斑点，大部分边缘为红色；翅膀为黑棕色；小翅膀覆羽边缘为玫瑰色，最小的一支末端一半的边缘为白色，略微有玫瑰色着色；大覆羽边缘为玫瑰色，接近深红色，占据整个外羽片直到羽毛端点；飞羽边缘有浅黄色着色，在三级飞羽边缘渐变为白色；下尾部覆羽为白色，翅膀边缘附近的小羽毛带有浅红色；尾羽为黑棕色，外羽片边缘为浅红色。

“幼年雌鸟上体表为橄榄棕色，尾部略微带有黄色，羽毛边缘为更清晰的颜色，在翕部和尾部多少渐变为浅白色；眼睛后部有一条模糊的白色条纹；翅膀和尾羽为黑棕色，在羽毛外侧边缘渐变为橄榄灰色；大小翅膀覆羽端部为黄灰色；下体表为白色，下腹部和下尾部覆羽颜色一致，其他的部分有较大的纵向深橄榄棕色斑点。”

灰腹灰雀亚种

英文名 | *Cinereous Bullfinch*　　拉丁文名 | *Pyrrhula griseiventris cineracea*

灰腹灰雀亚种

鸣禽 / 雀形目 / 燕雀科 / 灰雀属

没有什么能比发现一种新的鸟类更加能够吸引鸟类学家们的注意了。当我的朋友德雷瑟先生将当前这一物种的样本带到我面前时，我很高兴地注意到了它与相似物种的明显不同。

戴伯斯基博士首先在贝加尔湖附近地区发现了这一物种，它是这位不知疲倦的自然学家带到人们眼前的最有趣的发现之一。他在最近发表的西伯利亚东北部地区鸟类笔记中针对这一物种有一些描写，而且这些简短的文字构成了我们目前已知的关于这一物种的全部信息："灰腹灰雀喜欢栖息在生长着杜鹃花的幽深树林中，或者在长满高高青草的树林中开阔的地带。例外的情况也有，比如今年冬季降雪很多，大量这样的鸟儿就被从高山平原上驱赶了下来，在山岭上的落叶松林中我们也能见到灰腹灰雀。

"灰腹灰雀主要以杜鹃花的浆果为食；它们的鸣声听起来细弱而高亢。它们在海拔1500 ~ 1800多米的高山上繁殖。在我们前往贝加尔山脉的旅行中，我们看到成对的灰腹灰雀在一起飞翔，一对鸟儿甚至追逐了我们很久，假装笨拙地飞行以吸引我们远离它们的鸟巢；但是夏季无论在哪里见到这种鸟儿，我们都没有能发现它们的鸟巢。"

成年雄鸟上体表为灰色，尾部为耀眼的白色；头冠部、眼端、眼周羽毛和颌部为黑色；下体表其他部分为灰色，比上体表颜色更清澈，两颊和脸部及颈部两侧颜色最浅；下翅膀和尾部覆羽为白色；上翅膀覆羽为灰色，与背部一致，大覆羽基部为紫黑色，端部渐变为灰色，最外侧的端部为浅白色；飞羽为黑色，主翼羽有紫色的光泽，外侧主翼羽边缘为狭窄的浅白色条纹；上尾部覆羽和尾部为紫黑色，尾部下表面颜色更淡；鸟喙为黑色；腿为浅棕色；虹膜为暗棕色。

雌鸟与雄鸟相似，但是雌鸟上体表颜色为更深的暗灰色，有棕色光泽，并且下体表颜色更偏棕一些。

紫翅椋鸟亚种

英文名 | *Common / Hume's Starling*　　拉丁文名 | *Sturnus vulgaris humii*

紫翅椋鸟亚种

鸣禽／雀形目／椋鸟科／椋鸟属

印度的作者们长期以来一直误将当前这种鸟儿认作纯色椋鸟。休姆先生明确地指出了紫翅椋鸟的不同，我将他对紫翅椋鸟的陈述摘录在下面："这一物种一直以来似乎一直被认为是南欧的纯色椋鸟，但是在我将它与我见到的唯一一只欧洲纯色椋鸟相比较时，我发现紫翅椋鸟的颜色更加鲜艳，身量更小。在白沙瓦谷这一物种并不少见，而且在5月份它们会在营地上的树洞中繁殖。我认为在克什米尔和阿富汗这一物种同样常见。相比欧洲的鸟儿，它们的鸟喙端部没有那么扁平，而且从上面看末端更像小铲子。鸟儿更纤细更小，颜色更加鲜艳，羽毛更加有光泽，而胸前的颈羽更窄更短。

"紫翅椋鸟亚种的面部、头部、喉部为深蓝紫色，耳部覆羽在某些角度看为浅绿色；整个颈部、上背部和胸脯部位为明亮的红紫色；背下部和上尾部覆羽有铜色和绿色光泽；腹部为黑色，有绿色的金属光泽；翅膀覆羽为深绿色，从某些角度看略微带有浅金色；翅膀主翼羽、大覆羽、前几支副翼羽基部边缘有十分狭窄但是十分醒目的白色条纹；飞羽为灰棕色，主翼羽外羽片的白色边缘内侧为黑色，端部有一条狭窄的同色斑纹；副翼羽和三级飞羽相似，但是只有外羽片外侧的一半为黑色，除了端部的大部分覆盖着绿色的金属光泽，端部的黑色斑纹比在主翼羽更为醒目；下尾部覆羽为黑色，略微有紫色和绿色光泽；整体羽毛上几乎没有斑点和瑕疵。"

布兰福德先生在他最近出版的东伊朗动物学作品中提到曾两次见到这一物种，分别于6月份在设拉子和8月份在厄尔布尔士山脉的山谷中。

据鸟类学家们目前的观察，这一物种分布在克什米尔、阿富汗、伊朗等地区；在前两个地区这一物种较为常见，但是在伊朗它们就比较罕见了。

红海栗翅椋鸟

英文名 | *Tristram's Starling / Amydrus*　　拉丁文名 | *Onychognathus tristramii*

红海栗翅椋鸟

鸣禽/雀形目/椋鸟科/栗翅椋鸟属

崔斯特瑞姆先生在小亚细亚发现了这一物种，引起了鸟类学家们极大的兴趣。事实上我也迫不及待地向这位先生借来了这对珍贵的红海栗翅椋鸟样本，将它们画了下来。我将他的笔记摘录在下面，相信对读者来说一定是十分有趣的。

崔斯特瑞姆先生说："这一帅气的鸟儿是我在离死海不远的汲沦谷发现的，斯克莱特先生用我的名字来给这一物种命名，我感到无比荣幸。有几对鸟儿在马沙巴的老修道士们砍出来的小屋间的岩石上繁殖。在生活习性和特点方面它们让我想起了北美洲的拟八哥，但是它们是严格的沙漠鸟类。若是我们还能在另一个地方发现这一物种，那么一定是佩特拉。雄鸟的鸣声只包含两个音符，但是听起来却富于力量和旋律。雄鸟的鸣啭与澳大利亚的风琴鸟相似，它们鸣叫时连附近的岩石都在回响。巢穴建在难以靠近的岩石裂缝中；这种鸟儿胆大无畏，在它们鸣唱时，人们能走到离它们很近的地方；接着它会停下来一会儿，在人刚刚停下脚步时又立刻开口鸣唱起来。雌鸟的羽毛远没有雄鸟的明亮，但是雌鸟也有同样美丽的栗色翅膀。"

针对这一鸟类，不莱梅港市的哈特劳伯博士说："红海栗翅椋鸟的鸟喙长而强壮，为角质色。"

雄鸟的头部、上下体表为光亮的紫色，肛门部位颜色更暗淡；翅膀和尾巴为暗黑色，边缘为亮绿色；主翼羽为肉桂色，端部有大块的黑棕色；鸟喙和足部为黑色。

雌鸟的头部、颈部和喉部为深灰色，有黑色条纹；其他部分与雄鸟一致，只是颜色要暗淡一些。

台湾蓝鹊

英文名 | *Taiwan Blue Magpie*　拉丁文名 | *Urocissa caerulea*

台湾蓝鹊

鸣禽／雀形目／鸦科／蓝鹊属

从插图中蓝鹊属物种的数量看，这一属的鸟类在亚洲鸟类中是一个非常惹人注目的族群。当前这一种台湾蓝鹊羽毛颜色最为浓郁明亮。

斯温霍先生对这一物种有以下描写：

“我刚刚到达这里，我派出去的猎人们就带着两支长长的尾羽回来了，他们说自己射杀了这只鸟儿，但是不得不将它吃掉，因为天气太热，它很快就会腐烂。他们叫它长尾山娘。从这两支尾羽的独特形状我判断，这是一只蓝鹊，但是从它们明亮的蓝色光泽和端部的大白斑来看，我相信它们属于一个新的物种。我十分兴奋，提出花一笔不错的价钱来买一些这一鸟类的样本，结果很快我就获得了不少这样的鸟儿。仔细观察了它们之后，我兴奋地发现我获得了一种新的美丽的蓝鹊物种。

“长尾山娘在该山脉上的樟脑树树林中并不少见。有时6只或更多台湾蓝鹊会一起在树木间飞行，炫耀着它们帅气的尾羽和十分美丽、对比鲜明的黑色、白色和天蓝色羽毛以及红色的鸟喙和腿。在深色的树林中它们无疑是最美的风景。它们是一种胆小的鸟儿，在生人靠近时很快就会发现危险并大声鸣叫着互相警告，然后一只接一只地沿直线滑翔到相邻的树上。它们飞行时翅膀的拍动短而迅速，而身体和尾羽几乎保持水平。它们以野生无花果、山浆果和昆虫为食。很遗憾我没能观察到这一物种的鸟巢和幼鸟的羽毛。”

红嘴蓝鹊亚种

英文名 | *Chinese Blue Pie*　拉丁文名 | *Urocissa sinensis*

红嘴蓝鹊亚种

鸣禽 / 雀形目 / 鸦科 / 蓝鹊属

我们常常会在中国的绘画作品中注意到当前这一美丽的物种，一些艺术家准确地描绘了它们的样子，而另一些则加入了自己的创造，但是这一物种的外形和颜色都极为独特，无论画作中对这些鸟儿的描摹有多么不准确，任何人都很能很容易地就将它们分辨出来。红嘴蓝鹊在中国的山林地区是一种十分引人注目的鸟儿，正如印度和尼泊尔的相似鸟儿霸占了那里的山林一样。当前这一鸟儿与印度的物种有一些细小的差异：第一，尾羽上有更加清晰的斑纹，尾部羽毛上的白色端点更少一些；第二，从颈背部的蓝色羽毛可以轻松地将两者区分开来。

但是关于这个重要而且颜色丰富的鸟群的生活习性和特点目前还没有很多的文字记录，因此我就将斯温霍先生的描述转录在下面。

斯温霍先生说："这种帅气的鸟儿常常出现在香港的山林中。你能看见一只长尾巴的鸟儿径直地飞过低矮树木的上空，连续地轻拍翅膀，就像喜鹊那样，翅膀几乎与身体在同一水平线上。第一只鸟儿在一棵枝叶葱郁的大树上消失了，第二只鸟儿紧随其后，第三只、第四只也是如此，有时候还会有更多的鸟儿。不久，一只鸟儿就在一个高高的枝头上栖坐下来，伸直了红色的鸟喙和脑袋，无聊地晃动两支有白色端点的长尾羽。当它看见你正在观察它的时候，就会立即发出大声的鸣叫，它的同伴们立即迎合起来，接着你就能在树缝中看到一个又一个蓝色或浅紫色的身影划过，直到它们的鸣声越来越小，越缥缈，这时候你才知道它们已经飞到丛林深处了。"

现在，(1862年3月)伦敦动物学会的花园中生活着一只这样的鸟儿，它来自中国；尽管它不似我们预想的那么健康和活泼，但是已经在慢慢恢复，成了这个动物园中一个美丽的装饰。

我要感谢里夫斯先生的精美样本，参照它们我才能绘制出插图中的鸟儿。

喜鹊东北亚种

英文名 | *White-winged Magpie*　　拉丁文名 | *Pica pica leucoptera*

喜鹊东北亚种

鸣禽／雀形目／鸦科／喜鹊属

我要感谢巴黎的韦罗先生给我寄来一只样本，我才能参照画出插图中的鸟儿。朱尔·韦罗先生在给我的来信中提到这只样本来自西伯利亚东部地区，而且在那里这一鸟儿并不比我们常见的普通喜鹊罕见。不幸的是只有三只鸟儿被捕获，因为捕猎它们的人认为它们与我们所熟悉的喜鹊是完全一致的，并且他还说这一鸟儿的卵虽然与我们常见的喜鹊的卵十分相似，但是尺寸要略大一些。尽管这一喜鹊与其他喜鹊之间的差别十分细微，但是我们发现这些差异是稳定的。

喜鹊东北亚种的头部、颈部、胸脯部位、腹下部、上下尾羽覆羽和大腿部位为深黑色；肩胛部位、背下部的宽阔横纹、腹部和侧腹为纯白色；翅膀大覆羽为铜绿色；主翼羽为纯白色，除了外羽片为橄榄棕色；副翼羽为蓝色，外羽片上有一条铜绿色斑纹；内羽片大部分为黑色，肩膀下表面和腋羽也是如此；两支中央尾羽和两侧的各四支羽毛约4/5的长度为漂亮的绿色，接着为亮紫色、深蓝色和蓝绿色，这种彩虹色的光泽让尾羽末端变得十分亮丽；所有侧边羽毛的内羽片均为黑色，最外侧羽毛的外羽片为绿色；虹膜、鸟喙、腿和爪为亮黑色。

喜鹊青藏亚种

英文名 | *Bootan Magpie*　拉丁文名 | *Pica pica bottanensis*

喜鹊青藏亚种

鸣禽／雀形目／鸦科／喜鹊属

这一喜鹊尾部没有白色的痕迹，主翼羽上的白色羽毛也很少，在飞行时它们伸展开的翅膀与同种的其他鸟儿看上去十分不同，该喜鹊的尾羽更短更圆。不列颠博物馆和印度博物馆中都收藏着这一有趣鸟儿的样本。

与其他的喜鹊亚种一样，这一喜鹊雌雄鸟儿在羽毛颜色方面也没有不同。关于它们的生活习性和特点目前还没有记录，但是毫无疑问在这些方面它们与其他的喜鹊是极为相似的。

喜鹊青藏亚种的头冠部为黑色，略微有绿色的光泽；头部其他部分、颈部、背部、胸脯部位、翅膀小覆羽、尾部、上下尾部覆羽和大腿部位为黑色；肩胛部位、腹部和侧腹为白色；大翅膀覆羽和小翼羽为油绿色；主翼羽外羽片基部为油绿色，这些羽片的顶部和所有羽片的端部均为深橄榄色；内羽片为白色，顶部宽阔的边缘为深橄榄色；副翼羽内羽片为暗黑色，外羽片为深钢蓝色，少数基部边缘为黄绿色；三级飞羽有绿色和蓝色的光泽；两支中央尾羽直到末端几乎均为铜绿色，接着变为深紫色和蓝色，最后为蓝绿色；侧面的羽毛外羽片和内羽片端部有相似的颜色，后者基部为黑色，有蓝色光泽；虹膜为黑棕色；鸟喙、爪和腿为黑色。

大斑星鸦

英文名 | *Large-spotted Nutcracker*　　拉丁文名 | *Nucifraga multipunctata*

大斑星鸦

鸣禽／雀形目／鸦科／星鸦属

星鸦属鸟类物种十分有限，因此新发现的该属物种必然会引起鸟类学家们共同的关注。我看到的大斑星鸦样本均来自印度地区，它们的自然栖息地很有可能是西姆拉和阿富汗。

大斑星鸦的身量要比星鸦欧洲亚种和星鸦西藏亚种都大，但是鸟喙比这些鸟儿都更小、更纤细；相比这两个亚种，大斑星鸦的尾羽更细长，而且呈楔形；相比欧洲亚种，大斑星鸦的尾羽顶部有更多的白色部分，但是相比西藏亚种就要少一些；相比前两者，大斑星鸦背部和整个下体表的白色斑纹要更大更多，肩胛部位的斑纹最为丰富；与其他的亚种不同，大斑星鸦大腿部位的斑块和下体表其他部位的斑块同样醒目。

大斑星鸦的头冠部和颈背部为棕黑色；脸部羽毛、颈部两侧、背部、胸部和腹部为棕黑色，中央有一条宽阔醒目的暗白色条纹；翅膀为明亮的绿黑色，覆羽和副翼羽端部有一个细长的白色三角形斑纹，主翼羽端部零星带有相似斑纹；尾部为明亮的绿黑色，两支中央尾羽端部略微为白色，两侧羽毛有较大的白色端点，而剩下的三支羽毛的白色端点更大；下尾部覆羽为白色；上尾部覆羽和大腿部位有白色条纹。

白尾地鸦

英文名 | *Biddulph's Ground-jay*　　拉丁文名 | *Podoces biddulphi*

白尾地鸦

鸣禽／雀形目／鸦科／地鸦属

在英国人去中国的西藏地区探险时，约翰·比达尔夫上校发现了这一十分新奇的物种。我们目前仅仅知道四种同类型的鸟儿，而且它们的分布地极为有限，目前被收藏的样本也极为稀少，因此鸟类学家们对白尾地鸦及其同属鸟类有极大的兴趣。它们是中亚大沙漠地区的杰出的典型物种。

休姆先生最为准确生动地记录了这一物种的特点，我将他的文字摘录在下面。

他写道："我目前知道的地鸦有四种，而白尾地鸦是其中最为精致的一种。他是比达尔夫上校第二次去莎车探险时捕获的，因此我用他的名字来为这一物种命名。他也是同行的人中唯一在荒野中看到白尾地鸦的人。1月份他在巴楚捕获了这一鸟儿，后来斯多利茨卡博士又在莎车购买了一只圈养在笼中的白尾地鸦。

"在身量大小和整体颜色、外形方面，这一物种与黑尾地鸦和里海地鸦都很相似，但是它与这两种鸟类最显著的差异在于它有醒目的白色尾羽，另外白尾地鸦与这些鸟儿之间还存在着一些其他的细微差异。而且我还要补充一点，尽管比达尔夫上校捕获的都是雌鸟(该属鸟类雌鸟似乎比雄鸟小一些，鸟喙也小一些)，但是它们的鸟喙却要比雄性黑尾地鸦的鸟喙大许多。"

后来他又补充道："雄鸟与雌鸟没有显著区别，只是雄鸟身量略大，鸟喙更长。"

插图中的白尾地鸦是参照比达尔夫上校的样本绘制。

印度八色鸫

英文名 | *Indian Pitta*　　拉丁文名 | *Pitta brachyura*

印度八色鸫

鸣禽／雀形目／八色鸫科／八色鸫属

印度八色鸫是最早被鸟类学家们认识并描绘的旧大陆八色鸫科鸟类。这个家族的鸟类中仅有一种栖息在非洲有限的地区，其他大部分鸟类都栖息在印度、中国和该大陆以南的众多岛屿上，甚至远至澳大利亚都能看到它们的身影，但是目前在波利尼西亚和新西兰还没有发现这一物种。

这一物种十分普遍地栖息在印度半岛上；布莱斯先生说在整个地区，从喜马拉雅山脉地区到斯里兰卡都能看到这种鸟儿，但是在孟加拉湾东部还从没有发现印度八色鸫。

尽管印度八色鸫在整个印度都十分常见，但是关于它们的生活习性、特点只有很少的记载。而且据我所知，目前还没有任何关于它们的筑巢习惯和繁殖方式的描写，比如鸟卵的数量和颜色等。但是我相信近年来致力于东方鸟类学研究的先生们很快就会弥补这一部分的空缺。

在杰顿先生的《印度鸟类》中有这样的描写："这种羽毛十分美丽的地鸫在印度的森林中十分常见，在这个国家任何生长着树木的地区人们几乎都能偶然看到它们。在卡那提克，在炎日的天气刚刚到来，西风猛烈地吹起时，它们才会出现。许多时候，这些鸟儿似乎根本抵抗不了从东高止山吹来的狂风；它们的飞行能力薄弱，无法与狂风的力量抗衡，这时候它们就会躲藏在民房和农舍以及任何能够为它们提供庇护的建筑里。我在马德拉斯综合医院中见到了第一只这样避难的印度八色鸫，后来我又在内洛尔捕获了许多只在同样的情形下避难的活的印度八色鸫。莱亚德说在斯里兰卡它们是迁徙性候鸟，在寒冷的季节到来时与沙雉一起到来。他又说这一物种性情胆怯机警，会飞去茂密的蕨类植物中或是当地人杂乱的花园里。它们几乎不会飞落在树上，而且总是单只鸟儿独来独往；但是我见过三四只一起的印度八色鸫。它们主要在地面上进食，主要以各种甲虫为食。和同科的其他鸟类一样，它们活动的方式主要是单足跳跃。印度八色鸫通常比较安静，但是据说有时会发出嘹亮的哨音。”

雌雄鸟儿的羽毛颜色没有明显的差异，但是我们常常在送到英国的样本背部和尾部羽毛的羽干上发现细长的深色斑纹，而另一些样本则不具备这一斑纹；这些斑纹是否是某一个季节的鸟儿的特征，还是幼鸟的特征，这些我都无法确定，但是我指出这一点是希望有条件接触许多印度八色鸫的人能够留心这个问题。

尽管布莱斯先生说，他从来没有在孟加拉湾以东的地区见过这一物种，但是我却拥有一只来自阿萨姆邦的鸟儿，它与印度的样本颜色特征几乎完全一致，但是它的身量要小一些，各部分结构也要更纤瘦一些。

插图中为成年雄鸟和一只在上文中提到的有斑纹的鸟儿。

绿胸八色鸫云南亚种

英文名 | *Hooded Pitta*　　拉丁文名 | *Pitta sordida cucullata*

绿胸八色鸫云南亚种

鸣禽／雀形目／八色鸫科／八色鸫属

东喜马拉雅山脉地区和马来半岛的鸟类存在着密切的联系，那里的几个独特的物种都反映了这一点；然而没有哪一个物种能比当前这一种鸟类更好地说明这一现象。绿胸八色鸫分布在尼泊尔、阿萨姆邦、缅甸和丹那沙林以及马来半岛；来自这些地区的绿胸八色鸫样本均完全一致。

下面的描述摘录自休姆先生的《印度鸟类鸟巢和鸟卵》：

“根据霍奇森先生的笔记和绘画我们知道，4月份和5月份绿胸八色鸫在尼泊尔中部和大吉岭附近繁殖。它们会筑起一个较大的球状巢穴，鸟巢的一侧有一个圆形的入口。它们通常将鸟巢建在竹林中的地面上，所用的筑巢材料是干枯的竹叶和竹枝以及植物茎叶，这些材料被结实地编织在一起。外巢粗糙而结实，内巢铺设着柔软的植物纤维。它们会产下4枚卵，卵为十分宽阔的椭圆形，有光泽，底色为粉白色，有密集的红紫色和棕紫色美丽斑点。”

杰顿先生说：“我仅仅捕获了一只绿胸八色鸫，那是在海拔360米左右的河岸上，一个雷布查人射杀了这只正在孵卵的鸟儿。这个鸟巢主要是用植物根和其他的纤维状物质以及一些毛发编织而成，其中有3枚浅绿白色的卵，卵表面有一些红色和浅黄褐色的斑点。”

奥兹先生在上勃固区发现了这一物种。奥兹先生说：“我仅仅在常绿森林中的一个山涧中看见过这一鸟儿，在那里我获得了几个这样的样本。我搜寻了许多十分相似的地区，但是再也没能看到它们。

“鸟喙为黑色；口腔内部为暗淡的肉色；虹膜为深咖啡棕色；眼睑为浅肉灰色；腿为肉粉色；脚爪为粉角质色。”

戴维森先生也在丹那沙林看到了这一物种；坎托博士在马六甲海峡捕获了两只样本。

插图中的鸟儿是参考我自己收藏的样本绘制。

BIRDS OF ASIA

VOLUME Ⅵ

SCANSORES & TERRESTORES

卷六

攀禽和陆禽

花头鹦鹉

英文名 | *Blossom-headed Parakeet*　　拉丁文名 | *Psittacula roseata*

花头鹦鹉

攀禽／鹦形目／鹦鹉科／鹦鹉属

休姆先生针对花头鹦鹉写道："花头鹦鹉主要栖息在斯里兰卡、印度中部和南部以及整个北部、西部和喜马拉雅山脉地区；成年雄鸟有一个十分明亮的猩红色翅斑；翅膀下覆羽和腋羽为蓝绿色；脸部及头冠部为美丽的红色，枕骨部位、颈背部和两侧脸颊为浅蓝色；颈部一周有一条黑色环纹。成年雌鸟没有这样的颈部斑纹和红色翅斑；整个头冠部、背部和头部两侧为淡紫色，两侧略微有棕色光泽，颈部一周有或深或浅的黄色环纹，紧挨着淡紫色的头部羽毛。雌雄鸟儿的上颌均为黄色，有时为蜡黄色，有时为橙黄色，下颌为黑色或灰黑色。"

杰顿先生说道："它们常常来到丛林地区，而不是空旷的乡野，长满树木的耕种区也是常常能见到它们的地方。在多雨的季节里它们通常会栖息在生长着较多树木的地方。它们通常在丛林中繁殖，但是我也在自家的花园中发现了一个这样的鸟巢。

"花头鹦鹉的生活习性与其他的鸟儿相似，主要以水果和谷物为食，它们会将未成熟庄稼上或收割后的庄稼茬上的谷粒啄下来。它们并不是很聒噪，鸣叫声十分悦耳。它们的飞行速度十分迅速；它们在树洞中繁殖，通常会在12月份到次年3月份间产下4枚白色的卵。"

霍尔兹沃思先生写道："我仅仅在斯里兰卡的南部地区见到过这一物种，它们会经常出现在低矮的山岭上，也会飞到庄稼地里寻找食物。它们对那里的庄稼破坏极大；我看见过一群数量有50只左右这样的鸟儿一只接一只地飞进一片稻田中，每一只鸟儿衔走一根青稻穗，接着回到附近的树上大口地吞食偷来的食物；它们不断地重复着这一动作。"文森特·莱格也针对斯里兰卡写道："从低洼的山野到高海拔地区以及两者之间的地区这一物种的数量都十分丰富。"

马拉巴鹦鹉

英文名 | *Blue-winged Parakeet*　　拉丁文名 | *Psittacula columboides*

马拉巴鹦鹉

攀禽／鹦形目／鹦鹉科／鹦鹉属

马拉巴鹦鹉颜色朴素而细腻，身材结构优雅又极为美丽，我想没有人会否认这一点。再美丽的鸟儿也赶不上刚刚换羽的马拉巴鹦鹉，它们上体表的颜色搭配和谐而对比鲜明，看起来十分迷人，正如插图中的雄鸟，上体表的紫灰色和青绿色以及黑色和猩红色搭配得巧夺天工。

马拉巴鹦鹉的自然栖息地是印度地区，我相信它们甚至不会到访喜马拉雅山脉的南部山麓，而仅仅栖息在印度半岛西部的丘陵上。维戈尔先生首先命名了这一物种，而赛克斯上校则让我们熟悉了这一物种的雌鸟，尽管他从雌鸟黑色的鸟喙判断认为它们是一个独立的新物种。事实上雌鸟和雄鸟在幼年时期鸟喙都是黑色的，直到第二年这一情况才发生了改变。这一物种能够很好地适应圈养的生活。此时，伦敦动物学会的动物园中一些雌雄马拉巴鹦鹉正好好地生活着。

杰顿先生告诉我们："我在印度半岛的西海岸、海拔1500米的高山上捕获了这些样本。它们总是栖息在最茂密的森林中，仅仅到访最高大的树木。它们飞行起来迅速而优雅，会小群一起活动。尽管与其他的鹦鹉相似，它们的鸣声也有些沙哑，但是听起来更加温和、克制和悦耳。它们以各种各样的水果和浆果为食。"

赛克斯上校在描述马拉巴鹦鹉雌鸟时说道："这一鸟儿的鸟喙为黑色，黑色的颈环比较宽，下部为浅绿黄色，没有金属绿色的狭窄颈部环纹，尾部也不为蓝色。"这些都是雌鸟和雄性幼鸟的特点。

插图中展示了一只雄鸟和一只雌鸟或是雄性幼鸟。植物是一株马氏石斛。

大斑啄木鸟亚种

英文名 | *Chinese Spotted Woodpecker*　　拉丁文名 | *Dendrocopos major cabanisi*

大斑啄木鸟亚种

攀禽／䴕形目／啄木鸟科／啄木鸟属

我常常会注意到，尽管栖息在中国的某些鸟儿与欧洲的鸟儿完全一致，另一些鸟儿一眼看去也是如此，但是在仔细观察比较后还是会发现它们之间存在着一些具体的差异，当前这一物种就是如此。与欧洲的大斑啄木鸟相比，这一亚种尽管与它极为相似，但是枕骨部位的红色斑纹更大，呈三角形而不是直条纹；同样地，它们腹部的红色斑纹也更大，在这一部分中还有一条狭窄的斑纹延伸至胸部。除了这些以外，大斑啄木鸟的两颊、喉部和下体表带有棕色，而欧洲大斑啄木鸟的这些部分则为纯白色。在身体尺寸方面，这些鸟儿几乎是相等的。

我仅仅在中国见过这一外形的大斑啄木鸟，因此我倾向于相信这个国家是它们真正的唯一自然栖息地，但是它们具体栖息在亚洲的哪些地方，对这一点我还没有办法确定。

正如插图中展示的那样，这一大斑啄木鸟亚种雌雄性个体间十分相似，这一点与其他的大斑啄木鸟亚种都一致。

大斑啄木鸟亚种的前额、两颊、颈部两侧的斑纹和喉部为浅棕色，两侧渐变为白色；头冠部、从颌部至颈部两侧的条纹和颈部两侧的半月形斑纹以及整个上体表为黑色；枕骨部位的三角形斑纹为血红色；下体表为浅黄棕色，只有腹下部、肛门部位和下尾部覆羽为猩红色，从该部位延伸至胸部有一条同色斑纹；翅膀为黑色，有白色斑点，在主翼羽上形成斑纹，斑点在副翼羽上变大变清晰；覆羽为白色，最接近肩膀部位的边缘为黑色；中央尾羽为黑色，其他的羽毛有相间的黑色和白色斑纹，顶部白斑带有一些棕色；鸟喙为角质色；爪为蓝灰色。

雌鸟枕骨部位没有红斑，其他方面均与雄鸟相似。

黄脸金背啄木鸟

英文名 | *Yellow-faced Flameback*　　拉丁文名 | *Chrysocolaptes xanthocephalus*

黄脸金背啄木鸟

攀禽／䴕形目／啄木鸟科／大金背啄木鸟属

菲律宾群岛上栖息着几种独特的啄木鸟，它们的样子彼此极为相近，而内格罗斯岛上可见的黄脸金背啄木鸟就是其中的一种。莱亚德先生最先在这一地区发现了这一物种，但是仅仅成功地捕获了一只雌鸟。然而这只鸟儿特点如此鲜明，皮布尔斯侯爵轻松地就将它与其他亚种区分开了。他说："从其他鸟儿的特征可以推测，这一黄脸金背啄木鸟的雄鸟头部为红色。"斯蒂尔博士在内格罗斯岛捕获的样本证实了这一猜测，他说："我看到了许多这样的啄木鸟，它们并不罕见；但是我在内格罗斯岛上走动十分艰难，因为一场台风刚刚吹倒了岛上的许多树木。"

夏普先生对这一亚种的雄鸟做了如下的描述：

"黄脸金背啄木鸟的上体表整体为猩红色，所有的羽毛基部均为橄榄棕色，上尾部覆羽全部为后一种颜色，边缘有猩红色光泽；肩胛部位和翅膀覆羽与背部极为相似，小翼羽、主翼羽和飞羽为棕色，外侧为黄橄榄色，副翼羽为棕色，外羽片接近橄榄色，外侧为猩红色，与背部相似；全部飞羽内羽片均有白色斑点，副翼羽的斑点更大；尾羽为深棕色，外羽片略微有橄榄色光泽；头冠部为明亮的猩红色，羽毛基部为黄色；眼端、眉羽和面部两侧为明黄色，喉部相同，喉部两侧各有一条狭窄的黑色须纹，喉部中央还有一条斑纹；颈部两侧为黄色，耳部覆羽后面有三条黑色斑纹；整个颈部呈鳞片状，羽毛为黄褐色，边缘均为黑色；下体表其他部位为黄褐色，身体两侧略微有橄榄棕色条纹；下尾部覆羽为暗黄褐色，羽毛边缘为橄榄棕色，同样也略微有红色光泽；鸟喙为石板棕色；腿为浅黄色，脚爪为黑色；虹膜为深红色。"

斑姬啄木鸟

英文名 | *Speckled Piculet*　　拉丁文名 | *Picumnus innominatus*

斑姬啄木鸟

攀禽 / 䴕形目 / 啄木鸟科 / 姬啄木鸟属

这一小型的树栖鸟类栖息在喜马拉雅山脉地区，但是我们目前对这一物种的生活习性和特点还不甚了解。高大树木树皮下的昆虫或许构成了它们的主要食物，但是它们是像真正的啄木鸟那样属于攀禽，仅仅会爬到树上寻找昆虫，还是会像五子雀那样从它们的洞穴上爬上爬下，这一点我们还不清楚。关于它们的鸣声、筑巢方式和卵的情况，我们同样一无所知，因此这些方面的信息对我们来说仍然是十分有用而且无疑也是有趣的。

杰顿先生和比万上校都对这一物种做了简短的描写，鉴于我自己在这方面的无知，我就将他们的文字摘录在下面。

杰顿先生说："这一有趣的小鸟栖息在整个喜马拉雅山脉地区，至于其他地区是否栖息着一些这样的鸟儿我并不了解。据目前所知，它们的栖息地绵延900～1800米。在错综纠缠的草丛中以及枯叶和枯树间潮湿的地方都能见到它们，它们在腐烂树木的树皮下寻找各种昆虫来果腹。据说它们会在树洞中繁殖。"

比万上校说："除了杰顿先生所说的分布地，布莱斯先生还发现这一物种也栖息在缅甸。1866年7月3日，我在西姆拉捕获了一只斑姬啄木鸟。这只鸟儿的腿为浅蓝色，鸟喙为蓝铅色，头部显然为棕色。据杰顿博士说这一物种的舌头与典型的啄木鸟相似，末端有一些倒钩。"

斑姬啄木鸟雌雄个体的外表差异不大，仅仅头冠部颜色有一些不同。雄鸟的前额为栗红色，雌鸟的前额为绿色。

翠金鹃

英文名 | *Emerald Cuckoo*　　拉丁文名 | *Chrysococcyx maculatus*

翠金鹃

攀禽／鹃形目／杜鹃科／金鹃属

金鹃属鸟类分布在整个旧大陆的大部分热带地区。非洲栖息着几种这样颜色十分璀璨的鸟儿，而在印度及其以东的国家和地区则栖息着本文的主角翠金鹃，在摩鹿加群岛和澳大利亚同样也栖息着许多种这样耀眼的金鹃。

翠金鹃在印度的分布地并不是十分广泛，杰顿博士认为这一物种在印度较为罕见。在印度中部甚至还没有这样的鸟儿被捕获过，但是在缅甸各地它们就比较常见了。杰顿博士在海拔1200米左右的大吉岭上捕获过一次这样的鸟儿，除了被射杀的鸟儿正在吃昆虫这一点以外，他对这一物种的生活习性没有更多的了解。

鸟类学家最先描述了斯里兰卡的翠金鹃，但是在这一岛上这一物种也很罕见。霍尔兹沃思先生从来没有听说过一个这样的样本，而莱格上校也没有对这一物种做过记录。

除了整个缅甸地区，东边的泰国也是翠金鹃的自然栖息地。

下面的描述摘自杰顿博士的《印度鸟类》：

“翠金鹃的上体表为灿烂的翠绿色，有美丽的金属光泽；下体表为白色，有亮绿色的横纹；尾羽的外羽片外侧有白色斑纹；鸟喙为黄色，端部颜色更暗；虹膜为红棕色；爪为灰红色。

“一些样本更小，更有铜色的光泽，这些样本被认为是雌鸟。

“幼鸟为灰暗的亮绿色，有时上体表有红褐色斑纹，尤其是尾羽部分。”

插图中的鸟儿，第一只是羽翼丰满的成年鸟儿，第二只鸟儿是处于羽毛为红褐色阶段的幼鸟。

雉鸠

英文名 | *Pheasant Pigeon*　　拉丁文名 | *Otidiphaps nobilis*

雉鸠

陆禽／鸽形目／鸠鸽科／雉鸠属

在我幸运地发现并在科学界公开的鸟类中，插图中的雉鸠是最美丽非凡的一种。它们与其他的鸟儿都极为不同：雉鸠体型较大，比林鸽更大；鸟喙比头部更长，笔直，与鹆鸟的鸟喙相似；翅膀短而圆润，肩部有一个骨距；尾羽有20支，圆而较长；跗跖骨很长，爪趾上覆盖有厚石板状的鳞片；脚爪略直而且尖锐；整体结构更适宜在地面上行走而不是栖坐在树上或者飞行。

这一鸟儿的自然栖息地目前还不是很明确。我从一个鸟类标本交易商那里购买了一些雉鸠并且参照它们绘制了本文的插图。但是他不愿意告诉我具体是在哪儿捕获的这些鸟儿。不过从他同时出售的其他鸟儿来看，这些雉鸠或许是在马来群岛东部的某个岛屿上捕获的，也许就是在济罗罗岛。

1870年3月24日，在伦敦动物学会的会议上，斯科莱特先生说："萨尔瓦多里博士收到了购于新加坡的样本，这些样本就是库德先生最近才命名的雉鸠。这些鸟儿据说是从望加锡送来的。同箱送来的所有其他的鸟儿都是新几内亚和附近岛屿上的著名鸟类。"

鸟喙为红色或肉红色，基部颜色最为纯正；眼周裸露，几乎为相同颜色；头冠部和枕骨羽冠为黑色，有钢蓝色光泽；颈后部为明亮的蓝绿色；胸脯部位和下体表为紫色；背部和翅膀为深栗色，从某些角度看去有紫罗兰色的光泽，颈背部渐变为铜金色；尾部和上尾部覆羽为深紫蓝色；尾羽有20支，为黑绿色；腿为黄色或红黄色。

插图中是同一只鸟儿的两种不同姿态。

岩鸽

英文名 | *Hill Pigeon*　　拉丁文名 | *Columba rupestris*

岩鸽

陆禽／鸽形目／鸠鸽科／鸽属

栖息在东亚地区的最具有代表性的鸽属鸟类就是插图中的岩鸽。谢维尔佐夫博士在土耳其斯坦捕获了这样的鸟儿，而亨德森博士在第一次去往莎车探险时也在拉达克看到了这一物种。他写道："7月4日，我们观察到了一个巨大的鸽群，一只岩鸽样本就是在这时被捕获的，但是我们并不确定这个鸽群中是否全是这样的鸟儿。"

关于这一物种在印度的分布，杰顿博士说博伊斯在库玛昂捕获了这样的鸟儿："据布莱斯先生说，它们或许就是穆索里的岩鸽。这些鸟儿据说在夏季清晨会结成小群飞走，在傍晚时分又飞回山岭上。亚当斯在拉达克观察到的蓝鸽显然也是这种鸟儿。"针对上面这段论述，休姆先生说道："岩鸽从不会出现在穆索里附近，而且据我了解在海拔约3600米以下的喜马拉雅山脉的任何地方人们都没有看到过这一物种。"

帕拉斯最先在达乌尔地区发现了这种岩鸽，不列颠博物馆中就收藏着来自同一地区的岩鸽样本。戴伯斯基博士说，在东西伯利亚地区"它们以半驯化的状态生存着，在人类的房舍屋檐和岩石裂缝中筑巢。一年中它们会繁殖一次以上，雄鸟终年都在追求雌鸟。雌鸟在2月份开始繁殖，繁殖活动在每年的9月份结束。雄鸟的鸣声与欧洲的岩鸽略微有不同，而飞行速度更快，雀鹰都难以追赶上它。村庄里的大猫们和岩石间的雕鸮都是它们的头号杀手"。

大卫神父在西藏见到过这一物种，而斯温霍先生认为中国北部是这一鸟儿的自然栖息地。斯温霍先生在他的作品中写道："7月6日，我们来到了距离我们住宿的庙宇1.6千米左右的一个大石洞前，这个山洞位于一个孤零零的低矮山丘上。入口直径有6米左右，面向一个散布着凌乱岩石的深渊，水在其中汇聚。山洞的内部空间极大；内壁的岩石破裂成壁架，成群的岩鸽就在这里繁殖育雏，显然这是一个遮蔽风雨和烈日的好地方。一声大喊或几个石块就会让成群的岩鸽蜂拥着飞出来。”在斯温霍的另一篇文章中，他又针对这一鸟儿写道：“成群的岩鸽栖息在大连湾，它们的尾部斑纹为白色，胸脯部位为紫色。那里幽深的石灰岩山洞中的陡峭岩石为它们提供了安全的栖身之所和育儿的摇篮。这些鸟儿通常选择的山洞幽深而破败，潮湿的洞顶石壁上总是挂着水珠。在这些一般的天敌接触不到的地方，岩鸽选好岩石壁架筑巢产卵。它们的巢穴结构通常极为粗糙。你若在洞穴外观察就会发现，用不了多久就会有鸟儿飞出去寻找食物或是带着食物飞回来。几只这样的鸟儿通常一起飞进飞出，它们速度极快地冲进新耕作的田野，落下去便开始寻找食物。我们刚刚来到一个这样的地方时通常很容易就能走到离它们很近的地方，但是过不了多久它们就学会了躲避枪子。早春时候驶进这一海湾的战船报告说这些鸟儿遍地游荡，成群飞翔。我甚至听说一位军官一枪打下了13只这样的鸟儿。”

雪鸽

英文名 | *Snow Pigeon* 拉丁文名 | *Columba leuconota*

雪鸽

陆禽／鸽形目／鸠鸽科／鸽属

雪鸽是一种极为独特的鸟类，任何关于亚洲鸟类的作品若是少了它就不能算完整。雪鸽几乎完全栖息在喜马拉雅山脉地区，杰顿博士说："雪鸽主要栖息在喜马拉雅山脉西北部地区，从海拔3000多米到雪线之间的岩石高地和隐秘山岭中都栖息着大群雪鸽。它们主要在野地上进食，然后回到岩石上休息，据说它们的性情胆小而机警。"

休姆先生针对这一物种的分布地补充说道："夏季，这一鸟儿正如杰顿博士所说，总是栖息在海拔大约3600～4200米的山脉内部；但是在冬季，它们会飞下来，在西姆拉、穆索里和穆里等地区以及其下的一些山谷中都很常见。这些地区的海拔则在1000～2100米。有时一些掉队的鸟儿也会出现在该山脉的山脚下，从而被捕杀。这一物种不仅仅栖息在西北部地区，我从萨特累季河河谷、库玛昂和大吉岭北部的山陵上都捕获过这些鸟儿，但大吉岭上是否栖息着这样的鸟儿我并不知道。"

亚当斯博士发现这一物种"喜欢群居，在克什米尔北部的某些幽静山谷中很常见。我们还在拉达克看到过一次这样的鸟儿"。亨德森博士也在拉达克捕获过雪鸽，他说："6月里德拉斯附近的雪鸽规模极大，有一只样本就是在那里被捕获的。"

插图中的鸟儿特征十分清晰，我就不再具体描写了。

原鸽亚种

英文名 | *Indian Rock Pigeon* 拉丁文名 | *Columba livia intermedia*

原鸽亚种

陆禽／鸽形目／鸠鸽科／鸽属

原鸽广泛地分布在整个印度半岛、斯里兰卡以及泰国。杰顿博士说："原鸽是整个印度最常见、数量最丰富的一种鸟儿，它们成群地一起活动，会在任何它们认为合适的地方繁殖。它们尤其喜欢大型的建筑，比如教堂、尖塔、清真寺、纪念碑等，常常也会占据居民住宅的屋檐和建筑的游廊。城市和小镇的墙洞是它们最喜欢的地方；在这个国家的一些地区，水井中的洞穴也受到它们的钟爱，我想印度西部、德干高原等地的这些地方尤其如此。在缺少这样的有利环境时，它们就会在岩石裂缝、山洞或者海岸边的崖壁上繁殖；我注意到瀑布旁的岩石崖壁格外受到它们的青睐。在一个有名的瀑布附近栖息着成千上万只原鸽，在这里它们与身量更大的高山雨燕一起觅食休息。原鸽在森林环境中比在空旷的地区通常更为少见。它们的分布地从斯里兰卡到印度再到喜马拉雅山脉，一直延伸到了阿萨姆邦、锡尔赫特和缅甸。它们是否会出现在阿富汗或者其他的中亚地区仍不确定。大部分当地人都会喜欢这种鸟儿，一些人甚至十分敬畏它们，原鸽在居民住宅里筑巢会被看作是一种好运降临的吉兆。然而这种鸟儿对庄稼的破坏力极大，常常会在冬季聚集成规模浩大的鸟群一起飞出去进行侵略活动。大体上，当地人也不反对射杀这种鸟儿。它们毫无疑问是大部分印度家鸽的祖先。"

休姆先生说这一物种在印度的繁殖季节开始于圣诞节，并一直持续到五一。他说："原鸽的巢穴主要是用细小的树枝建成的，内衬常常铺设柽柳、羽毛等。在不受打扰时，规模惊人的原鸽鸟群通常一起繁殖育雏。某个宏伟的旧城堡中的鸟儿甚至被当地人认为是神灵，甚至连一个骚扰了它们的欧洲人都会有生命危险。几十万对鸟儿在那里生活繁殖。傍晚时分在附近打响的枪声会让这些鸟儿不约而同地纷纷飞起来，顿时一片黑压压的乌云升了起来，遮蔽了渐渐退却的天光，它们迅速拍翅的声音如雷声大作，震耳欲聋。"

莱格上校在他的《斯里兰卡鸟类》中对这一物种的分布和生活习性做了细致

的描述:“在斯里兰卡,原鸽主要是人迹罕至的荒野中的居民。这个国家并不像印度那样拥有许多大大小小的城墙、庙宇和尖塔为它们提供栖息的地方,因此它们不得不来到我提到的这些多岩石的地方。这就是为什么印度人十分熟悉这种鸟儿,而斯里兰卡人却不怎么知道它们。在这个岛屿的东部和北部遍地都是高耸入云的岩石峭壁骄傲地俯视着四周的森林,这些自然鬼斧神工下的庞大建筑本该是这些鸟儿们的乐园,但是我却惊奇地发现这里栖息着的原鸽远没有意料中那么多,这个问题的唯一答案或许就是这些‘建筑’四周的环境多是郁郁葱葱的森林。另外,斯里兰卡整个岛上都缺少耕地也是原鸽不能大量繁衍的一个因素。”

插图中近处的鸟儿是参照我自己收藏的样本绘制的。

毛腿沙鸡

英文名 | *Pallas's Sandgrouse*　　拉丁文名 | *Syrrhaptes paradoxus*

毛腿沙鸡

陆禽／沙鸡目／沙鸡科／毛腿沙鸡属

毛腿沙鸡是亚洲鸟类群中一个鲜明的物种，因此在关于亚洲鸟类的作品中必然会有毛腿沙鸡的身影。斯温霍先生在中国发现了这样的鸟儿，拉德也对达乌尔的毛腿沙鸡做了研究，他们都对这一物种的分布地、生活习性和特点有新的发现和了解。我和其他的作者们都说明过几年前一些毛腿沙鸡到访东欧、德国、荷兰和不列颠群岛的事情。

毛腿沙鸡这一物种的数量十分丰富；从中国北部到阿尔泰山，在整个辽阔的蒙古草原上，人们能时常看见成千上万只毛腿沙鸡组成的鸟群。下文是一些作者对这一物种的描述：

"古斯塔夫·拉德先生是一个旅行家，1856年春天，他从达乌尔的一个湖畔经过，有充足的机会去了解在更东边的栖息地上的毛腿沙鸡的生活习性。他特别提到了这里有利于各种候鸟生活的环境条件，而其中毛腿沙鸡是最早到达那里的候鸟之一。3月22日，它们成群来到那里，到来时已经交配。3天后，冬季的积雪还覆盖在高高的草原山陵上，一对对这样的鸟儿就和它们的小集体一起在附近的盐沼平原上生活了。在清晨时候，它们一起来到清甜的泉水边饮水，并在那里停留到上午9点钟，那时它们才会动身返回雪白的栖息地上。在栖息地四周，几片青草已经从洁白的积雪中钻出了脑袋，在这里它们刨开积雪蹲坐下来，安静地度过一天里剩下的时光。有些鸟儿睡意沉沉，有些会时不时走动一下，啄动冒头的嫩芽。若是一只鹰隼忽然出现，它们就会立即飞起来，盘旋几周后飞走，同时叫走周围的同伴们，不久，头顶上的天空就会盘旋着无数的小鸟。天敌飞走以后，它们又会安安静静地飞回来。它们开始下落，一开始十分谨慎，会先落在高地上一动不动；只要它们不动，它们羽毛的颜色就可以与周围的环境很好的融合在一起，不仔细看根本发现不了它们。它们的鸟巢建在灌木下的沙子和岩石间，是用青草建成的。鸟卵有4枚，为红白色，有棕色的斑点。雌鸟只有在必要的时候才会离开鸟巢。5月12日，第一窝鸟卵已经被孵化，27日时，第二窝鸟卵又被产了下来。”

斯温霍先生说：“冬季，成百上千只毛腿沙鸡组成的鸟群极快地飞过北京和天津之间的平原上空，速度赶得上金鸻。天津的市场上到处都在出售这样的鸟儿，你几乎不用花多少钱就能买到一些。当地人叫它们沙鸡，并说这些鸟儿全部是用诱捕网捕获的。最容易捕捉这些鸟儿的时候是在刚刚下过一场雪后。首先在雪地上扫出一小片空地，在地面上撒一些青豆子，诱捕网就架在这里。鸟群飞过时，一定能注意到地面上醒目的食物。当它们飞下来拥挤着钻进网中时，躲藏在隐蔽处的猎人只要拉动绳索常常就能将这些鸟儿全部捕获。不过还有许多鸟儿是用火绳枪捕获的。在地面上时它们十分胆小，不容易被靠近；但是在飞行时它们时常会冲到离你很近的地方。我唯一听到过的它们的鸣声是十分悦耳的咯咯叫。当地人说，在夏季，长城以外的蒙古高原上栖息着数量巨大的毛腿沙鸡，而且它们会在那里的沙地上产卵。”

栗腹沙鸡

英文名 | *Chestnut-bellied Sandgrouse*　　拉丁文名 | *Pterocles exustus*

栗腹沙鸡

陆禽 / 沙鸡目 / 沙鸡科 / 沙鸡属

栗腹沙鸡是南亚地区一种十分典型的沙鸡。它们十分广泛地分布在整个印度半岛；布莱斯先生说，栗腹沙鸡栖息在印度以及亚洲中部和西部各地区。赛克斯上校告诉我们，栗腹沙鸡“在德干高原是一种十分常见的鸟类；喜欢群居，常常栖息在开阔的岩石平原上；飞行高度极高，速度极快，叫声独特而尖锐。它们以四角形的坚硬小种子为食”。

在已故的肖尔先生的《印度鸟类笔记》中我找到了如下信息：“这一鸟儿在寒冷的季节里来到我们的身边。1834年1月，我在一些草地和长着短短的青草的沙质平原上看到了几个大的栗腹沙鸡群。在纳巴达河附近也栖息着一些栗腹沙鸡，只是在这里它们的数量要少得多。它们常常一动不动地蹲坐在黄褐色的野草间，这时候即使走到离它们不远的地方也很难发现它们。”

从杰顿先生优秀的作品中我们得知：“栗腹沙鸡在开阔的原野中的大部分地区都十分常见而且数量丰富。它们并不会出现在多树木的地区，四五只到50只甚至更多这样的鸟儿常常一起出现在开阔的岩石平原和空旷的田野上。它们飞得极快，通常也飞得极高，而且也正如赛克斯上校所说‘会发出尖锐的鸣叫声’。它们主要以一种十分坚硬的种子为食。当有人靠近它们时，它们会更加贴近草丛和地面蹲伏起来，常常很难让人分辨出来。在用过早餐之后，它们总是会来到附近的水源边饮水。它们的肉呈棕色和白色，十分坚韧，比任何一种鸟的肉都能保存更长的时间；尽管因为十分坚硬而不受欢迎，但是在保存良好的情况下它们的味道并不比任何一种印度鸟类差。

“最近在一二月份我才发现了几次这种鸟儿的卵。它们被产在地面上，没有巢穴；卵通常有3枚，颜色为浅橄榄绿色，有橄榄棕色和暗黑色斑点，形状十分长，两端同样圆滑。”

赫顿上校在他出版的作品中告诉我们：“栗腹沙鸡在阿富汗的南部地区很常

见。8月份我在裸露的地面上见到了它们的巢穴，9月末的时候幼鸟就已经能够飞翔了。”

我有一些杰顿先生从马德拉斯附近捕获的样本，这些鸟儿与在印度北部地区被捕杀的鸟儿没有差异。

高加索黑琴鸡

英文名 | *Caucasian Black Grouse*　　拉丁文名 | *Tetrao mlokosiewiczi*

高加索黑琴鸡

陆禽／鸡形目／雉科／琴鸡属

据我们目前所了解，这一物种的栖息地仅仅限于高加索山脉地区。一位波兰先生最先在那里发现了这一物种，并于1875年将高加索黑琴鸡样本寄送到了华沙。同年这位先生又对这些鸟儿做了描述。

下面这段对高加索黑琴鸡生活习性的描述来自这一物种的发现者："我发现这种黑琴鸡十分普遍地分布在高加索山脉一片长约100千米的地方，而且我相信整个山脉上都栖息着一些这样的鸟儿。它们一般栖息在覆盖着植被的山岭地区。

"无论在哪一个地区黑琴鸡的数量都算不上十分丰富；它们的分布地较为有限，也从不会来到山下。20年前这一物种的数量要比现在多一些，但是现在这种鸟儿受到了越来越多的侵扰，鸟卵不断地被牧羊人拿走吃掉。我发现的黑琴鸡中雄鸟通常要比雌鸟更多。

"我对当前这一物种的生活习性了解并不多。5月末、6月初的时候我射杀过一些黑琴鸡，那时候雄鸟正忙着炫耀歌喉和求偶，但是我们还是没能听到它们的求偶鸣叫，也没能看到这种好斗的鸟儿为争夺雌鸟而打斗。它们尤其钟情青草地，但我也在海拔不低于大概3300米的雪地上见到过它们。但是那里的黑琴鸡通常都是流浪的雄鸟。我常常看见一只雄鸟一动不动地站在草地上或者岩石上，连续几个小时保持那样的姿态，而另外的六七只鸟儿则分散隐藏在周围的矮树林中；尽管我绞尽脑汁去思考它们这种怪异的举动，我还是没能想到一个合理一点的解释。或许这只孤独的雄鸟是个哨兵吧，但是如果是这样，它也是不称职的哨兵，因为它总是第一个被射杀，我的同事们射杀的大部分黑琴鸡就是它们保持这样的姿态的时候。或许这种鸟儿还没有意识到人类的危险，也或许它这样做仅仅是因为能够更容易地观察雌鸟的行为吧。雄鸟飞行时会发出声音，在远处就能听到；这声音就像一种好听的哨音。在我的猎狗的帮助下，我发现了一个鸟巢，它建在一块大岩石脚下，可以很好地躲避雨水。这个巢穴较浅，铺衬着干草。鸟巢中有10枚卵。

“春季，我对一只雄鸟样本做了解剖，它的胃部有偃麦草、许多毛茛花朵和大约20只属于膜翅目的一种昆虫。我发现秋季射杀的一只雄鸟的胃部是空的，而雌鸟的胃里却有五朵蒲公英的花儿、少量青草和一些不同的叶子。这一地区的牧羊人最熟悉这种鸟儿。当地的猎人根本不愿意将枪子浪费在它们身上，而是更愿意捕猎为他们提供肉和毛皮的鹿和野山羊，以及杀死狼和熊。在他们眼中，这种鸟儿并不比一只麻雀更有价值，所以当他们看到我们如此拼命地追逐这种鸟儿时，他们自然是十分吃惊的。”

斯里兰卡鸡鹑

英文名 | *Ceylon Spurfowl*　　拉丁文名 | *Galloperdix bicalcarata*

斯里兰卡鸡鹑

陆禽／鸡形目／雉科／鸡鹑属

斯里兰卡鸡鹑早就为自然史上的作者们所知晓，因此它们被赋予了许多学名，但是拥有这一鸟类收藏的人却少之又少。事实上，在我了解的亚洲鸟类中只有斯里兰卡鸡鹑是在我们的收藏中最少见的。莱亚德先生在斯里兰卡住了8年，最近才刚刚回到英格兰。他为我们带来许多斯里兰卡鸡鹑样本，充实了我们的收藏。这位先生在自然史方面的研究是非常认真而且有价值的，他在斯里兰卡鸟类学方面也做出了极大的贡献。

在目前已经公开发表的鸟类学作品中我没能找到任何关于这一非凡而美丽的物种的信息。下面的笔记出自莱亚德先生之手，我将他的原文转录在此，我相信读者们在阅读中会获得一些乐趣：

"这一物种分布在斯里兰卡中部、南部和西南部各地区。它们喜欢山坡两侧上的十分茂密纠葛的灌木丛和幽深的草丛，然而东部和北部各地区的沙地和开阔的树林对于这种生性胆小、怕生的鸟儿显然是不适宜的。即使在它们栖息的地方，人们更多的也只是听到它们的声音而看不到它们的身影。即使是熟悉它们生活方式的当地人赤裸着在地面上匍匐前进，就像森林之子一样静悄悄地也依然难以捕获它们。我认为它们的肉质要比我在斯里兰卡尝过的任何鸟类的味道都好得多；它们的饮食习惯和样子都与松鸡很相似。

"在清晨和傍晚这种鸟儿最为活跃。小群这样的鸟儿会在空地、裸露的树干或者高大的树丛中游荡，但是稍有动静它们就会飞进林下灌木丛中躲藏起来。静悄悄躲藏上一段时间后，一只比它的同伴们都大胆的雄鸟就会发出几声低低的鸣叫，它的鸣声与小火鸡哀怨的鸣叫不无相似之处。若是这鸣声获得了远处鸟儿的回应，它就会立即大声鸣叫起来，鸟儿们就都从躲藏的地方飞出来游戏了。我常常会用心听我鸟舍中的鸟儿的鸣叫，但是这些鸡鹑明明就在那里，但是它们的鸣声却仿佛从鸡舍的各个其他的地方发出来一样。它们所在的地方若是能够将它们隐藏起来，你就绝对无法凭声音找到它们。

“斯里兰卡鸡鹑在被圈养时并不适应，行为还是和在荒野中一样胆小，总是尽可能地躲藏在它们所能躲藏的任何角落。任何东西突然来到离它们很近的地方，它们都会从地面上一跃而起。鸟舍的屋顶若不是足够高，它们的脑袋总是会狠狠地撞上屋顶，再跌回地面上时就已经没有了气息。

“它们飞行速度极快，但是相比长时间飞行，它们更喜欢找到隐蔽的地方躲起来。我家篮子中的一只鸡鹑曾经飞向房顶，又从通风孔飞了出去，但是它没有继续飞行，而是突然落进了小灌木丛中。我们费力地在灌木丛中寻找追捕它，它被逼了出来，接着又从一扇打开的门飞进了厨房里，躲到了一个箱子后面。

“雄鸟十分好斗，它们打斗的方式常常让我想起斗鸡——脑袋会垂下或扬起，互相模仿彼此的动作。

“关于它们的繁殖和筑巢方式我们目前还不了解。”

灰胸竹鸡台湾亚种

英文名 | *Formosan Bamboo Partridge*　　拉丁文名 | *Bambusicola thoracicus sonorivox*

灰胸竹鸡台湾亚种

陆禽／鸡形目／雉科／竹鸡属

斯温霍先生说："这一灰胸竹鸡栖息在中国台湾的所有山岭地区。它们总是分散在灌木丛中，从来不会成群一起觅食。这些鸟儿十分好斗。雄鸟和雌鸟都会发出同样高亢的鸣声，这样的鸣声在很远处就能听到。它们并不容易被惊起，总是贴近地面卧着，即使你走到它发出鸣叫的地方也很难见到惊起的灰胸竹鸡。每一对鸟儿都会选择自己的觅食地并且常常在白天里发出鸣声，向其他的鸟儿发起挑战；若是在这片土地上的任何一只其他的鸟儿发出鸣叫来回应，不幸就要降临到它的头上了，雌雄鸟儿都会立即攻击它，毫不留情地与它搏斗起来，直到它狼狈逃走。

"这种好斗的脾性常常也为它们带来霉运，中国的捕鸟人会注意聆听它们发出的这种鸣声，在它们经常出没的山岭上设下诱捕的陷阱。陷阱中往往还有一只笼鸟，这只笼鸟早就受过训练，会及时地在这种鸣声响起时发出回应，这块领地的君主和夫人就会立即冲到这里来，鲁莽地闯进了陷阱中，当即就被捕获了。捕鸟人通常会将自己的猎物带到市场上作为笼鸟出售，中国人对这种鸟儿不断发出的可怕尖叫声十分喜欢。

"夜里它们会离开青草丛和灌木丛中的躲避处，飞到竹子和其他树木的枝头过夜，它们可以稳稳地栖坐在树枝上。它们通常在灌木或草丛下的地面上的浅穴中产卵，每窝卵有 7 ~ 12 枚或更多。鸟卵为深棕奶油色。"

高原山鹑

英文名 | *Tibetan Partridge*　　拉丁文名 | *Perdix hodgsoniae*

高原山鹑

陆禽 / 鸡形目 / 雉科 / 山鹑属

高原山鹑是在遥远而人迹罕至的西藏地区被发现的，它是当时鸟类学家们发现的第二种山鹑属鸟类，因此很自然地引起了鸟类学家们的极大兴趣。而我也是怀着极大的乐趣在本书中描写这一鸟类。

我要感谢两位先生让我更加了解这一物种。一位是霍奇森先生，他在科学界，尤其是在尼泊尔的自然历史方面所做的贡献有口皆碑；另一位是史密斯中尉，他在印度西北部地区的高山或流水边旅行时所做的观察和捕猎活动都让我获益匪浅。

这个样本的颜色明显要比绘画中的鸟儿浅一些，这显然是因为这只鸟儿是在繁殖期间被射杀的。正如我们所知，鸟儿的羽毛随着年龄的增长而不断磨损，颜色也会变浅。霍奇森先生说他的绘画参照的是一只雌鸟，史密斯中尉的鸟儿则被保存在不列颠博物馆中，而我也相信霍奇森的样本也会被收藏进去，因为他早已经将10000只其他的鸟类样本和画作送到了这个国家，并保存在这里。

史密斯中尉说："我在西藏的班公湖附近射杀了这只精美的鸟儿。它是一只雄鸟，而且是我看见的唯一一只这样的鸟儿，因此我并不太了解它们的生活习性。我看见这只鸟儿时，它的身边还有一窝刚刚出壳的幼鸟。一些幼鸟就藏在我所坐的岩石下面，这只成熟的鸟儿走到离我很近的地方，让我有了射杀它的机会。它发出极大的噪音，跑得出奇得快，直到被追得紧迫才展翅起飞。附近的山陵崎岖而且贫瘠，大约160千米内都没有森林或草丛。我注意到雌鸟是灰色的，但是看在幼鸟的分儿上我没有将它射杀。

"这一新物种一定是十分稀有的，因为我从前曾两次来到同一个地方，但是我从来没有见到过它们，尽管现在我已经在这里停留了6个星期，我也没有能见到第二只这样的鸟儿，因此我很遗憾没能捕获那只雌鸟。"

雪鹑

英文名 | *Snow Partridge*　　拉丁文名 | *Lerwa lerwa*

雪鹑

陆禽／鸡形目／雉科／雪鹑属

现今的所有自然学家中恐怕没有哪一位能比霍奇森先生对印度北部的自然世界有更多的研究。他几乎将自己的所有业余时间用在了对这一有趣地区的哺乳动物和鸟类等的研究上，因此他让我们熟悉了许多原来并不了解的物种。雪鹑就是其中一种。这种鸟儿十分有趣，也获得了鸟类学家们的极大关注。它们栖息在喜马拉雅山脉的高海拔地区，是一种很好的食物，羽毛色彩也比较美丽。

霍奇森先生说："这些鸟儿喜欢群居，在突出的岩石下筑巢繁殖，以喜马拉雅山脉上的芳香植物、种子和昆虫为食。它们从来不会离开这一栖息地，而在受到打扰时总是会躲进人类难以企及的冰雪中。它们也会远离树木，而常常在更加平坦而且类似石楠的植物丛生的岩石壁架上栖息。我认为雪鹑每年换羽两次，分别在春季和秋季；但是它们秋季换羽是最为确定的，8月份的时候它们的羽毛状况最为糟糕。它们是极好的猎物，飞行方式迅猛，性情胆怯，体型和力量都与松鸡相似。它们的肉为白色，多汁，而且味道很不错。雌雄鸟儿很相似，个头也相等；幼鸟的差异也不大，只是颜色更加暗淡，尤其是胸脯部位和侧腹；成年鸟儿的这两个部位为富丽的栗棕色或赭红色；幼鸟的鸟喙和爪为暗红色。"

下面的笔记摘自胡克博士的作品，这段信息与霍奇森先生的描述完全一致："我下楼吃早餐，早餐是喜马拉雅山上的雪鹑肉。雪鹑是一种小型的喜欢群居的鸟类，它们栖息在高高的山上，会发出短促的鸣声。在特点和外形上它介于松鸡和山鹑之间。尽管它们的肉质比较坚韧，但是味道还是很好的。"

BIRDS OF ASIA

VOLUME Ⅶ

TERRESTORES, GRALLATORES & NATATORES

卷 七

陆禽、涉禽和游禽

岩林鹑

英文名 | *Rock Bush-quail*　　拉丁文名 | *Perdicula argoondah*

岩林鹑

陆禽 / 鸡形目 / 雉科 / 丛林鹑属

我在之前的文章中提到过林鹑属鸟类的羽毛颜色和特征变化极大，下面这一来自赛克斯上校论文中的段落也与我的观点不谋而合。

“岩林鹑上体表的羽毛斑纹存在着许多细小的变化，因此很难说哪一种是它们典型的外貌。雄鸟的突出特点是胸脯部位的无数黑色狭窄横纹，但是雄性幼鸟和雌鸟却没有这样的斑纹，背部的斑纹特征也不一致。雄鸟和雌鸟的体型大小几乎没有一点差异。

“这些鸟儿并不会出现在耕地上，但是在德干高原的岩石和小灌木间都能见到它们。10 ~ 20只这样的鸟儿常常会从你的脚下突然喧闹着飞起来，年轻的猎手们要从这样的鸟群中选择一个目标会觉得很困惑。它们喜欢群居，而且据我推断，一只雄鸟会与多只雌鸟交配，因为我从来没有看到过单只或成对的鸟儿。它们的肉非常白。”

赛克斯在他的论文中还写道：“这一物种会栖息在高海拔的台地和山坡上，在芦苇和青草间觅食；捕获的样本是在海拔高于1200米的地方发现的。”

伯吉斯上校说：“这一漂亮的小林鹑栖息在溪流和水道两侧的多岩石山岭和灌木丛中。它们总是群居，常常会和黑色胸脯的灰山鹑一起觅食。它们通常在11月份和12月份繁殖，但是在3月份我也获得过它们的鸟卵，在11月20日捕获过一只羽翼刚刚长全的幼鸟。我相信它们每次产卵不会超过4枚，因为我三次获得的鸟巢中都是4枚卵，还有一次是捕获了4只刚刚长羽的幼鸟。幼鸟浑身长着绒毛，样子像是撒了一身粉。鸟卵为浅黄白色。”

莱亚德先生在讲到自己在斯里兰卡见到的这一鸟儿时说道：“我仅仅见过一对这样优雅的小鸟，它们是在斯里兰卡的科伦坡被发现的，被捕获时生命状况还很好。我还在同一个地区收获了一枚这种鸟儿的卵，它的样子就像一枚缩小的松鸡卵。”

蓝胸鹑

英文名 | *King Quail*　　拉丁文名 | *Excalfactoria chinensis*

蓝胸鹑

陆禽／鸡形目／雉科／蓝鹑属

蓝胸鹑的分布地十分广，在整个马来西亚以及中国和马德拉斯都能看到这种鸟儿。

鉴于我自己并没有机会亲自去它们的栖息地上观察这一鸟类，我没有第一手的资料可以分享给我的读者们。然而杰顿博士在他的《印度鸟类》中对这一鸟儿做了大篇幅的描绘。

“这一美丽的小物种分布在印度的许多地区，但是在这些地方它们都比较稀有。在孟加拉和相近的地区它们较为常见一些，而在阿萨姆邦就更多见了，栖息在缅甸的蓝胸鹑数量最多。我仅仅在卡那提克射杀过这一物种。它们时常出现在印度中部以及上印度各地区，甚至巴雷利。在所有这些地区它们的数量都十分稀少，人们所见到的或许仅仅是迷路的鸟儿偶然游荡到了这里。在下孟加拉的潮湿草地、田野边缘和路边的青草丛中它们的数量相对比较丰富。蓝胸鹑在7月份繁殖，鸟卵为浅橄榄绿色。幼鸟长大后就会分散到整个地区；它们这种去他处寻找新的栖息地的习惯在一定程度上是由这一地区的特殊天气导致的。通常在8—9月份孟加拉的大部分地区都会发生破坏极大的洪水。”

针对这一点我还要补充莱瑟姆的一段描述：“这一物种栖息在中国、菲律宾群岛和印度各地区，爪哇岛和苏门答腊岛也是它们的栖息地。由100只左右的蓝胸鹑组成的鸟群常常会出现在人们的视野中。”

在体型方面，这一物种要比澳大利亚的相似物种略大一些，而且它们的背部和上体表颜色也要更浅一点；跗跖骨更长更壮，爪趾更细长。

白鹇印度亚种

英文名 | *Lineated Pheasant*　　拉丁文名 | *Lophura nycthemera lineata*

白鹇印度亚种

陆禽 / 鸡形目 / 雉科 / 鹇属

该白鹇亚种面积极大的面部赘肉、整个上体表极为精致的细腻斑纹以及尾巴的形状都与普通白鹇十分相似，但是普通白鹇的腿为明亮的红色，而当前这一亚种的腿则为蓝灰色。

比万上校曾写道：“杰顿博士提到这一物种的雄鸟会发出一种奇特的鼓声般的鸣叫。据我所知，缅甸人也会利用白鹇的这一生活习性，借助一些器械来模仿这种声音从而捕获了许多这样的鸟儿。白鹇雄鸟就像公鸡一样，一只鸟儿鸣叫时就像对其他的鸟儿发出了挑战，这时雄鸟们会立即投入到争斗中。”

艾略特先生还说道：“布莱斯先生告诉我们，当地人会用一只雄性白鹇当诱饵，将它拴在丛林附近，这只鸟儿的鸣声就会将附近的其他雄性白鹇吸引过来。等它们走出丛林来到空地上，看到它们的敌人，并且立即对它冷酷地进攻时，躲藏在一边的猎手就有充足的机会将它们射杀了。许多鸟儿就是这样被捕杀的。当然这样被捕获的鸟儿都是雄鸟，雌鸟从来都不会在意这样的鸣声，总是安安静静地躲藏在丛林中。”

蓝鹇

英文名 | *Swinhoe's Pheasant*　　拉丁文名 | *Lophura swinhoii*

蓝鹇

陆禽／鸡形目／雉科／鹇属

斯温霍先生对遥远国度的自然世界所做的研究贡献科学界有口皆碑，他在辨别相近物种方面也具有极为敏锐的洞察力。一种新的小型雀类被发现或许并不会引起太大的轰动，但是发现这种美丽而优雅的鸟儿却是一件值得世界瞩目的事情。斯温霍先生在一座并不闻名的小岛——中国台湾岛上收集到的一对雌雄蓝鹇目前被收藏在不列颠博物馆。这只鸟儿不仅值得每一位鸟类学家去研究观察，也值得每一位鸟类爱好者去了解和欣赏。

在身形方面，蓝鹇要比普通的白鹇小一些，但是蓝鹇的红色面部皮肤和尾部的形状都与白鹇相似；而它们的背下部羽毛僵硬、似鳞片，腿部也更加强壮。

斯温霍先生说："我的猎人们告诉我在深山中又发现了一种雉鸡。蓝鹇是一种典型的丛林鸟儿，通常栖息在荒蛮的山野中，几乎从不会来到山脚下。在傍晚和清晨，雄鸟总是栖坐在醒目的枝头或者当地人的茅草屋屋顶上炫耀自己的身姿，发出挑衅的啼鸣，它们举着尾羽大摇大摆地行走的样子像极了一只雄鸡。我拿出赏金，希望我的猎人们尽可能地去帮我捕捉几只这样的鸟儿。最后我成功地获得了一对美丽的蓝鹇，但是在我继续向深山前进，试图去看看它们的栖息地，了解它们的生活习性时，我却再也没能看见它们。

"4月1日，我得到了一只雌鸟，它刚刚被射杀，但是天气已经很热，猎人不得不将它的皮毛剥了下来才送给我。然而我还是从这只鸟儿身上获得了一些有用的信息。"

插图中为雄性和雌性蓝鹇。

白鹇

英文名 | *Silver Pheasant*　　拉丁文名 | *Lophura nycthemera*

白鹇

陆禽／鸡形目／雉科／鹇属

以前的许多鸟类学家们都在著作中描述过这种熟悉而且美丽的鸟儿，但是有些让人遗憾的是尽管那么多鸟类学家注意到了这一物种，但是他们都没有将野生白鹇的生活习性、特点和构造记录下来。大部分作者仅仅说这一物种栖息在中国，但是威廉·贾丁先生认为它们栖息在这一广阔国度的北方地区。

自从白鹇被引入欧洲的第一天开始，它们就被认为是鸟舍中的一种很好的观赏鸟，而并不适合幽居在树林中。它们在被圈养时可以得到很好的驯化，但是要成功地做到这件事，我们必须将它们单独养在一起。因为这种鸟儿性情十分好斗，若是把它们和普通的公鸡养在一起，它们必然会激烈地打斗起来，最后必然有一方死去才算结束。

在我们鸟舍中的鸟儿当中，若论美貌，白鹇一定能拔得头筹，因此我总是祈祷它们能够独自生活在一个有限大小的地方，因为若是它们与我们普通的雉鸡杂交了，它们的优点也就失去了。

在这本书中我们显然不能花大量篇幅来描绘圈养的白鹇的生活习性，但是我或许可以说它们可以很好地适应圈养的生活，在适当的照料下，它们也可以成功地繁殖。白鹇是一种既高贵又优雅的鸟儿，很受人们的喜欢。在完成秋季换羽后，它们羽毛上的斑纹变得更加细腻优雅；在春天来临时，它们美丽的冠部和面部肉坠变大，颜色变为美丽的猩红色，与细腻的豆绿色鸟喙形成了强烈的对比。雌鸟的颜色总体比较肃穆，羽毛的颜色也没有很强的对比。

我要感谢梅德斯通附近的爱德华·贝茨先生，他允许我从他的鸟舍中挑选了一只最美丽的雄鸟作为参照来完成我的作品。

彩雉

英文名 | *Cheer Pheasant*　拉丁文名 | *Catreus wallichii*

彩雉

陆禽 / 鸡形目 / 雉科 / 彩雉属

在过去的几年里，彩雉一直是一些人的研究兴趣所在，他们试图在我们的山林和灌木丛中引入这一种新的雉科鸟类，然而他们的努力没有获得任何的成果。因为尽管当前这一物种在动物学会的花园中繁殖状况良好，但是无论如何也没有迹象表明它们的引入会让猎人或美食家们受益。克雷文先生用这一鸟儿和我们普通的雉鸡杂交获得了一个新物种，但是这一物种却完全没有繁殖能力。对于那些从来没有机会观察野生彩雉的人来说，在我们的动物园里看到它们的确是一件有趣的事，但是我认为乐趣也就仅限于此罢了。

下面的段落是我从其他作者的著作中摘录的对这一物种的描写，其中山地人也对它们的生活习性和特点做了有趣的描绘：

“这种鸟儿是印度斯坦东北部的阿尔莫拉丘陵上的本地物种。这种鸟儿极为大胆，稍被激怒就会引发气势汹汹的战斗，同时还会竖起羽毛，不断重复地大声地鸣叫。

“它们栖息在山脉的底部和中央位置，几乎不会出现在高海拔地区，而且从不会靠近森林的边缘。它们在长满青草的山岭上觅食，这些地方四周往往还稀稀疏疏地长着一些橡树和一小片灌木；靠近荒弃的村庄、破旧的牛棚、长满常见松树的丘陵和青草茂盛的草原以及新开垦的土地都是它们常常出没的地方。在没有树木或树丛的丘陵以及比较空旷、草木稀疏的森林中几乎见不到这一物种。在山脉下部地区，它们总是栖息在丘陵的高处，几乎从不会出现在山谷或深深的峡谷中。在栖息地上它们仍然会四处游荡，只是从不会超出一定的范围；它们留在一片土地上几天或者几周，然后转移到下一片地方，但是从不会完全抛弃整个地区，年复一年地在这一地区的某个地方生活着。它们跑动的速度极快，而且若是地面比较空旷，没有可以躲藏的地方，它们宁愿跑上二三百米远，也不愿意飞起来。在躲藏好之后，它们会非常贴近地面地卧着。

“这一鸟儿的鸣叫声大而奇特，若是没有其他的干扰，这声音在至少1.6千米之外还能听到。在天亮以前它们常常就放开了歌喉，而且鸣声变化较多。

“彩雉主要以植物根系为食，为此它们会在地面上挖洞觅食，蠕虫、昆虫、种子和浆果也构成了它们食谱的一部分。若是栖息在靠近耕地的地方，它们也会吃各种谷物。这一物种很容易圈养，因此或许可以轻松地引进英格兰，但是它们能否忍受冬天长时间的霜冻和暴雪，这一点我很是怀疑。雌鸟在草丛中或低矮的灌木丛中筑巢，会产下9 ~ 14枚卵；卵为暗白色，相比鸟儿的体型，它们的卵尺寸极小。在5月末或6月初这些卵就被孵化好了。雄鸟和雌鸟都会与幼鸟一起生活，它们似乎十分关心幼鸟的安全。

“这种鸟儿飞行的样子看起来十分笨拙，从来不会飞太远。和大多数其他的鸟儿一样，在起飞的时候它们会发出一声较尖锐的鸣叫，伸展开长长的、斑纹极为美丽的尾羽。在跑动时，这些尾羽也会被优雅地伸展开。它们并不会长时间栖坐在树上，但是有时会飞到附近的树上躲避猎狗。它们通常睡在地面上，有时也会在树上或灌木上过夜；群居时，大群鸟儿会在一个地方相拥入睡。”

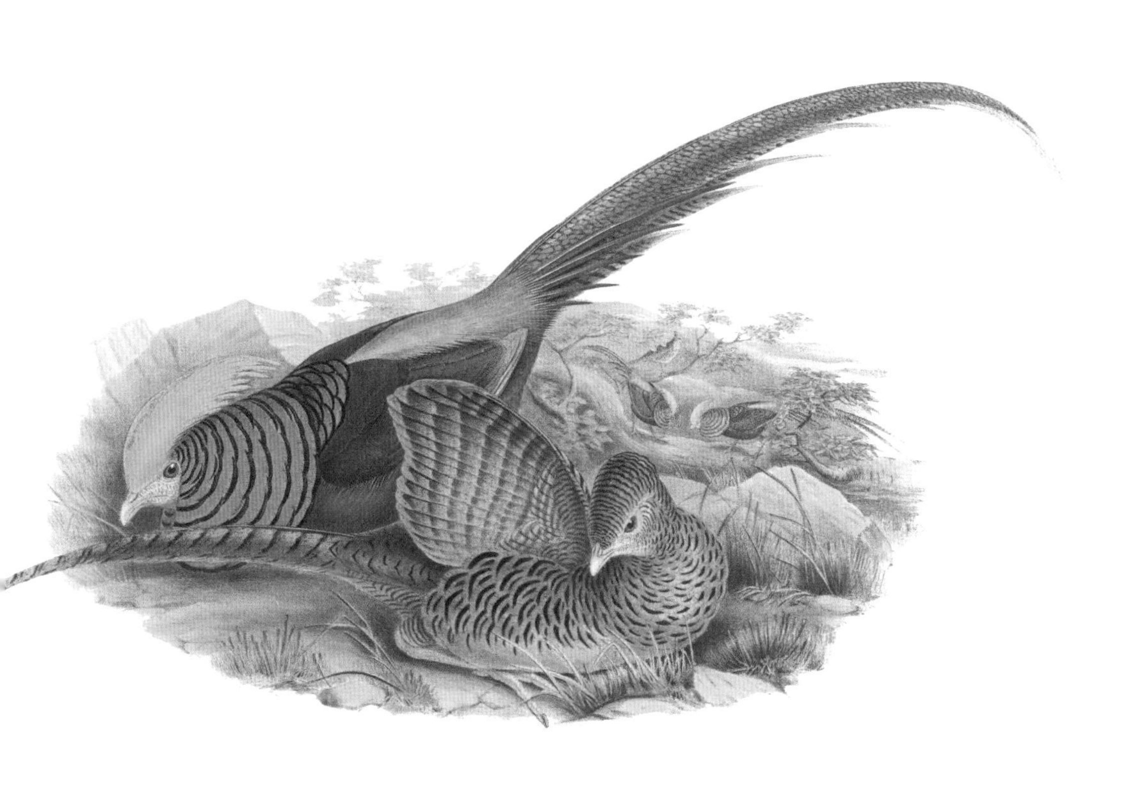

红腹锦鸡

英文名 | *Golden Pheasant*　　拉丁文名 | *Chrysolophus pictus*

红腹锦鸡

陆禽/鸡形目/雉科/锦鸡属

尽管这一美丽的鸟儿在我们的鸟舍中已经生活了100多年，我们对它们的生活习性以及它们在中国的栖息地仍然没有更多的了解。我们目前所了解的还是半个世纪以前莱瑟姆先生对这一物种的观察和描写。

据说这一物种更多地栖息在中国的北方而不是南方。斯克莱特先生认为这一物种的栖息地是“达乌尔南部和蒙古荒漠的东部，夏季有时会迁徙到黑龙江，甚至是甘肃和四川等中国内陆地区。而斯温霍先生曾告诉我们活红腹锦鸡被带到了广州出售”。

莱瑟姆说：“这一美丽物种的栖息地是中国，那里的人把它们叫作金鸡。这种鸟儿的适应性比较强，因此人们试图将这一物种引进至我国。许多对这样的鸟儿被带到这里，但是它们都很遗憾地被一些贪婪而且目光短浅的猎人射杀了。目前，欧洲的什么地方是否也栖息着这样的鸟儿我们还不了解。它们可以很好地适应圈养的生活，也会主动地繁殖育雏，因此从它们的自然栖息地上引进更多这样的鸟儿似乎是没有必要的。它们的肉质据说比我们的物种肉质要好。雌雄鸟儿都会换羽，爱德华兹先生提到埃塞克斯夫人养了6年的几只雌鸟逐渐长出了雄鸟的羽毛。我们也听说雌鸟的这一变化是正常的，在四五岁时，它们逐渐被雄鸟忽视，因此会逐渐长出异性的羽毛。”

插图中的红腹锦鸡可以很好地展示雌雄鸟儿体型大小的差距。

白腹锦鸡

英文名 | *Lady Amherst's Pheasant*　　拉丁文名 | *Chrysolophus amherstiae*

白腹锦鸡

陆禽／鸡形目／雉科／锦鸡属

这一非凡的雉科鸟类是由已故的本杰明·利德比特先生于1828年首次介绍给科学界的，他说："是尊贵的阿默斯特伯爵从印度带回了这一种新的非凡的雉科鸟类。

"两只极为美丽的雄性白腹锦鸡在交趾的山脉上被捕获，几经辗转来到了阿默斯特伯爵夫人的手上。这位高贵的夫人将这两个样本圈养了两年，最后才将其中一只活的白腹锦鸡送到了英格兰，但是到达目的地后的几个周里它死去了。

"这一物种的总体特点和羽毛与著名的红腹锦鸡十分相似。"

当阿默斯特夫人将这两只鸟儿带回家时，它们的生活习性、生存环境和栖息地等信息我们还不能确定，而在这之后的日子里，她也没能提供给我们更多我们想要的关于这一物种的信息。不过，目前，我们确信这一物种栖息在中国的云南省和西藏附近的地区。阿默斯特夫人描述了获得这两只鸟儿的经过。我相信其中一只鸟儿目前仍然被养在她家的鸟笼里，而另一只鸟儿则被赠送给了利德比特先生，后来又几次转手，现在属于利物浦。我的插图就是参照这一样本绘制的。在此，我要感谢德比博物馆的管理人员允许我给这只鸟儿作画。

霍奇森先生是曾经居住在尼泊尔的英国人，他对自然史的贡献遐迩闻名。曾有两只白腹锦鸡从遥远的东方国家被带到了尼泊尔，后来归霍奇森先生所有。如今这两只样本收藏于不列颠博物馆，还有两只鸟儿被寄送到了巴黎。本文中提到的6只白腹锦鸡均为雄鸟，它们也可能是目前被捕获的所有白腹锦鸡。

若是能看到哪怕一只雌性白腹锦鸡我也会很高兴，我也相信每一位鸟类学家都盼望着了解这一物种在中国的栖息地和更多的生活习性。显然这一物种和它的近亲红腹锦鸡一样也很容易圈养。

蓝马鸡

英文名 | Blue Eared-pheasant　拉丁文名 | *Crossoptilon auritum*

蓝马鸡

陆禽／鸡形目／雉科／马鸡属

知晓这一精致物种的存在可以说是我们在中国的一大收获。从前我们几乎对这一鸟类一无所知，但是现在我们明确地知道它们栖息在北京附近的地区。这种鸟儿常常在中国北方地区的市场中作为一种食材来出售，甚至连俄国的自然学家们在得知了这一点后都会吃惊不已；因为我相信直到5年前，著名的圣彼得堡博物馆以及那些柏林、莱顿和巴黎的博物馆中都没有一只完美的蓝马鸡样本，而如今所有这些博物馆中都收藏了来自中国北方或欧洲动物园中的样本。我猜只有少数的欧洲动物园中没有活的蓝马鸡样本。

这种鸟儿的性情十分温和，在圈养时也会自由地繁殖，在这一点上它们与普通的家禽很相似。在摄政公园的动物学会花园中，蓝马鸡或是以半驯化的状态占据鸟舍四处走动，或是离开围栏栖息在花园中的高大树木上。斯克莱特博士慷慨地提供与我下面的笔记，这段内容与上面的论述完全相符。

“这个动物学会第一次获得的活蓝马鸡是两只雄鸟，是1866年索兰先生从北京带回来的。他于当年的7月15日将这两只鸟儿赠送给了动物学会。在之后的11月10日，我们又购买了两只雌鸟，这两只雌鸟在之前的夏天还繁殖过。我们的两对蓝马鸡在第一个春天开始配对繁殖。1867年5月26日，第一窝6只幼鸟被成功地孵化了出来；6月4日第二窝9只幼鸟也孵化成功了。第二年(1868年)，同样又有两窝幼鸟孵化出世，一窝出生于5月21日，有10只，另一窝出生于6月13日，有8只幼鸟。这里的孵化工作以及大部分舶来的雉鸡的孵化工作都是由家养的母鸡来完成的。我们目前非常缺少这一物种的雄鸟，但是雌鸟多的可以拿来出售，价格较为便宜，15英镑一只。我们当时购买两只雌鸟的价格是50英镑一只。显然在过去的3年里欧洲储存的这一物种的数量已经大幅度增加了。”

阿曼德·大卫是一位在北京的法国传教士，巴黎自然历史博物馆应当感谢他赠予的蓝马鸡样本。他“于1863年7月在高山的北部山谷中见到了这一珍稀鸟类，那里距离北京城西约有84千米远。雌鸟与雄鸟的差别仅仅在于体型略小一些，有骨距，但是骨距不成熟，婚羽和冬装完全一样。这些鸟儿被捕获并放进鸟舍中后会变得十分温和、乐于亲近人类。它们的鸣声多变，与普通家禽的鸣声十分相似。它们小群一起栖息在高山上树木最茂密的地方。7月份被捕射的3只样本的胃中充满了金雀花的叶子，而在冬季捕获的鸟儿胃部则有坚果、各种果核、艾属植物的叶子、蕨类植物。不过更多的还是兰科植物的根茎和其他的多汁植物、甲虫、蠕虫和毛毛虫。在我捕杀上面提到的3只成年鸟儿时，那里当时还有4只老年鸟儿和15只幼鸟，它们都在同一片田野中觅食。这难道是两个家庭吗？它们可以稳稳地栖坐，栖坐时会和普通的家禽一样高翘起尾羽”。

里海雪鸡

英文名 | *Caspian Snowcock*　拉丁文名 | *Tetraogallus caspius*

里海雪鸡

陆禽／鸡形目／雉科／雪鸡属

1852年和1853年到访这些动物园的人不难注意到插图中所画的这只精致的鸟儿，这只高贵的里海雪鸡样本是史蒂文斯先生赠予动物学会的。刚刚来到动物园中时，它的羽毛和健康状况都很糟糕，但是它很快就恢复了。经过一次换羽之后，我们就看到它的毛发恢复了野生状态时的光泽和美丽。之前博纳姆先生也赠予了动物学会一只雌性里海雪鸡，这两个样本都是在伊朗被发现的。我很遗憾地说这两只有趣的鸟儿目前都已经死去了。

这一物种显然是同属鸟类中最先被科学界知晓的物种。早在1788—1793年，格梅林就对它做过描述。莱瑟姆先生说这一物种栖息在伊朗各地，而有人却告诉威尔逊先生："它们栖息在伊朗人迹罕至的高山地区，有经验的猎人也认为这一物种极为稀少。"

我要感谢格尼先生让我注意到了莱亚德先生所记载的如下内容："一群大型的鸟儿快速地飞过，发出雉科鸟类独特的呼啸声，落在了离我几米远的地方。它们像一只只巨大的松鸡，尺寸几乎和小型火鸡相似，仅仅栖息在亚美尼亚和库尔德斯坦海拔最高的地区。"

下面的笔记是格雷先生寄送给我的：

"这一物种在高加索山脉的最高峰上筑巢；它们更喜欢积雪覆盖的区域，因此从不会离开这些地方；当我们试图在平原地区引入一些幼鸟时，还没等春天过去它们就死了。它们能够在岩石堆和悬崖壁架上轻灵地跑动，遇到危险时会发出大声的鸣叫而后飞起来，因此若不是在大雾天气里，连最灵巧的猎人也很难靠近它们。6~10只里海雪鸡会一起觅食，而且总是与山羊为伴，在冬季的几个月里它们会以山羊的排泄物为食。秋季它们会长得十分肥胖，它们的肉与普通松鸡的肉质相似。在这一物种的胃部我发现大量的沙子和小石子与各种各样的高山植物的种子混在一起。"

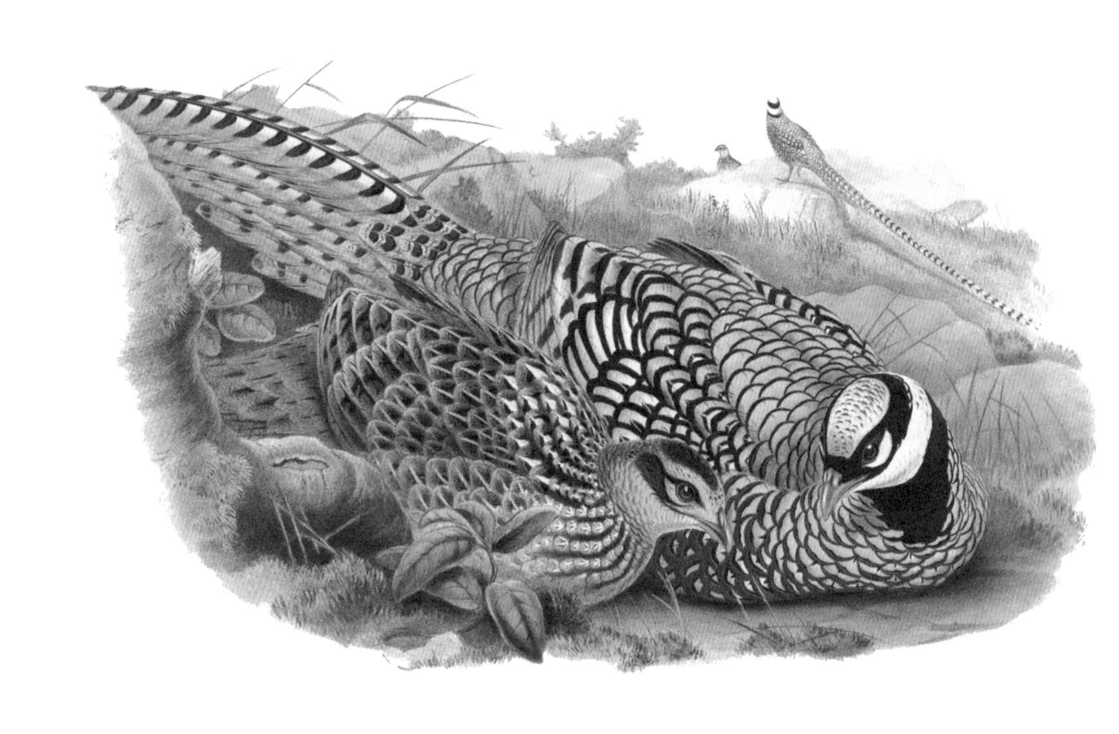

白冠长尾雉

英文名 | *Reeves's Pheasant*　　拉丁文名 | *Syrmaticus reevesii*

白冠长尾雉

陆禽／鸡形目／雉科／长尾雉属

早在伟大的旅行家马可·波罗旅行到中国时他可能就已经见到了白冠长尾雉，但是我怀疑他见到的可能只是这种鸟儿漂亮的尾羽。中国人很看重这些羽毛，会将它们当作礼物赠予外国客人，因此这些羽毛漂洋过海来到欧洲的时间要比完整的鸟儿早许多年。后来在里夫斯先生的帮助下我们看到了一只完整的雄鸟样本，几年以后又看到了一只雌鸟样本。

我们同样还要感谢里夫斯先生将第一只活白冠长尾雉带到了欧洲，那是一只精美的雄鸟。大约在1831年，他将这只鸟儿引入欧洲。这位先生的儿子约翰·里夫斯又于1838年带回来一只雌鸟。特盖特迈耶先生说："这一对鸟儿共同生活在动物学会的花园中，但是不幸的是雄鸟是一只上了年纪的鸟儿，因此它们没能繁殖育雏。"来到这片土地上的第三只活白冠长尾雉是一只精致的雄鸟。

在随后的战争年代里，更多的欧洲人来到了这片我们曾经从风格奇异的画作中和非凡的鸟儿羽毛中猜测揣度的神秘土地上。当然，从这里我们不仅获得了许多这一精致的雉科鸟类标本，也获得了不计其数的活样本。当前(1868年5月)在英国和欧洲大陆上，好几所动物园圈养的这一物种已经能够自由地交配繁殖了。

毫无疑问，在以后的许多年里，白冠长尾雉都将在我们的鸟舍中繁殖，并成为鸟舍中一道吸引眼球的美景。这一物种的家乡是中国的北京，而不列颠群岛与其几乎处在同一纬度上，显然我们的气候比较适宜它们的生存。除了北京，据说这种鸟儿也栖息在位于中国中部长江以北的太湖地区。

乔治·贝内特博士对这一鸟儿有如下描写，希望这段文字对读者们来说是有趣的：

"在比尔先生位于澳门的美妙的鸟舍和花园中我们看到了美丽的白冠长尾雉。这种鸟儿最长的尾羽能有约1.8米长，扮演军人角色的演员会将它戴在帽子上。我在广州见过这样的场景，演员将一些美丽的羽毛垂直放在他们帽子的两侧作为装饰。中国人并不尊崇这种鸟儿，而是迷信地认为这种鸟儿的血液有毒，因此朝廷上的官吏们在预料到皇帝会剥夺他们的官爵并突然处死他们时，会将一些这种鸟儿的血液洒在手帕上，并将手帕带在身上，这样他们就可以随时吞血毙命。

“比尔先生于1808年获得的第一只雄鸟一直健健康康地活了13年。在这只鸟儿死后，他又努力想再捕获一些，但是一直没能如愿。1831年，来自内陆地区的4只样本被带到那里，他花了130美元将它们买了下来，我猜这些鸟儿后来又被里夫斯先生带到了英国。”

插图中的雌雄鸟儿，出于需要，它们的尾羽没有被绘制出来，但是从远景中的鸟儿也可以观察到它们尾羽的长度。不同的雄鸟两支中央尾羽的长度差异较大，有一些能有将近15厘米长，另一些则只有10～12厘米。雌鸟与大部分雉科鸟类的雌鸟一样，体型要比雄鸟小得多，尾羽也相对更短一些。

普通雉

英文名 | *Common Pheasant*　　拉丁文名 | *Phasianus colchicus*

普通雉

陆禽／鸡形目／雉科／雉属

普通雉鸡栖息在黑海的亚洲和欧洲海岸上，我相信这一点是确凿无疑的。这一物种是以古科尔基斯王国的名字命名的，这一地区现在属于格鲁吉亚，据说那里的鸟儿至今仍然很有野性而且非常漂亮。里海附近以及其东部地区都栖息着许多这样的鸟儿。米尔纳先生在他的《克里米亚古代和近代史》中说道："奇异的是雉鸡并不栖息在克里米亚半岛，然而在窄窄的刻赤海峡对岸的土地上以及整个高加索山脉地区都能看到这一物种。"已故的瓦因先生告诉我他在马尔马拉海南侧的阿波罗尼亚湖上射杀过野生雉鸡。

野生雉鸡的食物主要包括谷物、种子、绿叶、昆虫和球茎植物的根系。雉鸡会在地面上营建一个浅浅的巢穴，在其中产卵14枚，卵为均匀的橄榄棕色。

雄鸟的头部和颈背部为铜绿色；颈部和喉部为钢蓝色，在不同角度的光照下会有棕色、绿色和紫色的光泽；耳部覆羽为深棕色；上背部的羽毛为深棕红色，中央为黑色，浅色羽轴的边缘有一条狭窄的天鹅绒般的黑色细纹，端部的中央也有一个椭圆形斑点；背部和肩胛部位为紫红色，中央为黑色，其中有一条尖锐的马蹄形浅黄色斑纹，中央有一条同色的狭窄斑纹；背下部和上尾部覆羽为深栗红色，有紫色光泽；翅膀覆羽为浅灰棕色，羽轴颜色更浅；主翼羽为暗淡的灰棕色，有错落的奶白色斑纹；尾羽为黄棕色，有许多狭窄的黑色粗糙横纹，外侧边缘有栗色和紫色的光泽；胸脯部位和腹部为金红色，每支羽毛边缘为天鹅绒般的黑色，有金色和蓝色的光泽；腹下部、肛门部位和下尾部覆羽为黑棕色；鸟喙为暗淡的豆绿色；腿和爪趾为角质色。

雌鸟的上体表为黑棕色，每支羽毛边缘为醒目的奶白色，颈基部少数羽毛中央为栗色；颌部为棕白色；下体表为棕黄色，侧腹有斑驳的深棕色和黄红色。

插图中的鸟儿是参照在小亚细亚被捕射的雉鸡样本绘制的。

绿雉

英文名 | *Japanese Pheasant*　　拉丁文名 | *Phasianus versicolor*

绿雉

陆禽／鸡形目／雉科／雉属

若是我没有弄错的话，在这个岛上以及欧洲大陆的温带地区上喜欢狩猎的人都会对绿雉这种有趣的鸟儿的生活习性感兴趣。到目前为止(1857年)，我们还没有找到任何证据证明这一物种会栖息在日本岛以外的地方，然而从我获得一些信息来看，这种鸟儿可能也栖息在中国。勃兰特教授是圣彼得堡著名的自然学家，几个月前他来到英格兰时曾告诉我帕拉斯显然见过一种相似的雉鸡。我们都知道帕拉斯先生旅行的范围包括了中国的边疆地区，但是我并没有在帕拉斯写下的文字中找到任何相关的信息。而当我将一只日本绿雉展示给长期居住在中国的韦博先生看时，他告诉我在他看来这就是一种当地的鸟儿。

作为最优秀的鸟类学家，特明克先生在1813年出版的书籍中并没有提到这种鸟儿，但是在他随后出版的更加珍贵的作品中，雌雄绿雉都被画进了插图中。它们是参照西博尔德先生从日本直接寄往荷兰的样本绘制的。

大约在1840年的时候，活的绿雉样本被从日本带到了阿姆斯特丹，而已故的德比伯爵花高价购买了其中的一只雄鸟和一只雌鸟，遗憾的是这只雌鸟在被送到诺斯利动物园之前就死去了，因此德比伯爵手上只剩下一只雄鸟。这之后再也没有日本绿雉来到英国，而如今在不列颠群岛上大量繁衍的绿雉其实是当时的这只雄鸟与一只普通雌性雉鸡的后代。第一次杂交获得的后代显然是半纯种。这只最初的雄鸟与这些半纯种回交，得到的后代是3/4纯种。这些后代如果继续与这只纯种雄性绿雉回交，我们得到的就几乎是纯种的绿雉了。

后来这只最初的雄性绿雉和它的纯种后代被德米多夫王子购买了去，仅留给当时的诺斯利动物园的主管汤普森先生一对纯种绿雉，而诺维奇的约翰·亨利·格尼先生则获得了剩下的非纯种鸟儿。他将其中一些鸟儿送到了伊斯顿的山林中，而又将他鸟舍中的卵孵化出来，它们就逐渐形成了绿雉的诺福克品种。

汤普森先生的鸟儿每年都会产下许多卵，他将活的绿雉样本送给了国内外的许多人。尽管这些鸟儿并非完全纯种的绿雉，但是它们和它们的后代看起来都与日本的绿雉样本完全一样，几乎无法区分。

这些杂交实验的结果显然是十分让人惊喜的。更让人惊奇的是普通雉鸡的一些亚种和绿雉都能自由地杂交，而其杂交产生的后代依然具备繁殖能力。这些杂交后代不仅身量更大，肉的味道也更好，羽毛的斑纹和颜色也异常的美丽，当然它们的主要色调还是与原来的鸟儿十分相近的。

绿雉的外形、生活习性和性情都与我们山林中的普通雉鸡更加相似，而且并不会表现出四处游荡的倾向。

血雉

英文名 | *Blood Pheasant*　　拉丁文名 | *Ithaginis cruentus*

血雉

陆禽／鸡形目／雉科／血雉属

血雉是喜马拉雅山脉地区的一种雉科鸟类，也是栖息在这一地区的动物群中最精致的一个物种。无论在身体结构还是羽毛颜色特征方面，这一物种与其他的鸟儿都明显不同。这一物种的雌雄个体间也存在着惊人的差异，因此哈德威克先生才认为它们是两个物种并分别为它们命名。哈德威克先生是第一个让我们了解这一物种特点的人，尽管他所提供的信息十分有限。我还要很遗憾地说即使到现在，我们对这一物种的了解也不算充分。在说到这一物种的雄鸟时，他说“这一精美的物种栖息在尼泊尔山岭”；而针对雌鸟，他则说道：“这一非凡的鸟儿是尼泊尔谷北部雪山上的物种。我的朋友纳撒尼尔·沃利茨博士在加德满都的英国居民的帮助下捕获了一只血雉，它是沃利茨博士在加德满都停留期间捕获的唯一一只血雉，这样看来这一物种在这一地区应该是比较稀有的。”

胡克博士最近才去过这一物种的自然栖息地，他大方地将自己的如下笔记提供给了我：“血雉是同类的高山鸟儿中最胆大的一种。它们栖息在东尼泊尔和锡金地区的高山地区，栖息地的海拔通常为3 000～4 000米。松林间的山谷中栖息着许许多多这样的鸟儿。它们几乎从不会鸣叫，但是会发出一种微弱的咯咯的声响。在被逼急了的时候，它们才会飞起来，但是很快又会落下来，接着匆匆跑到隐蔽的地方躲起来。冬季的时候，它们会在积雪中挖洞藏身或者在雪窟中过冬，我1月份在海拔约3 600米、覆盖着厚厚的积雪的地方看见过这种鸟儿。5月份时我见到了血雉幼鸟。这一物种在春季主要以松树和杜松的嫩芽为食，而在秋季和冬季则主要吃杜松的浆果，因此它们的肉总是会散发强烈的气味，而且还极为坚韧。”

雄鸟的前额、眼端和眼周羽毛为黑色；头冠部为浅黄色；羽冠为暗灰色，每支羽毛中央有一条浅黄色斑纹；颈背部和上体表为深灰色，每支羽毛中央有一条狭窄的浅黄白色斑纹，两侧各有一条黑色斑纹，越向后斑纹越大越醒目，背下部和大翅膀覆羽中央的部分带有一些绿色；尾巴为灰色，端部为灰白色，羽轴为白色，羽毛从基部开始的3/4的宽阔边缘为血红色；喉部为血红色；耳部覆羽为黑色，有浅黄白色条纹；喉下部为棕黑色，每支羽毛上有一条绿黄色斑纹；颈部两侧为浅黄色；胸脯部位、腹部两侧和侧腹为浅绿色，羽轴颜色浅，胸脯部位的羽毛上靠近两侧中央的部分有一个深血红色斑块，这一部分整体看去仿佛染了血迹一样；腹部中央、大腿部位和肛门部位为深棕灰色，有绿白色的斑纹，斑纹边缘为黑色；下尾部覆羽为深血红色，每支羽毛中央有一条狭窄的浅黄色斑纹，斑纹末端呈铲形；眼周为红色；腿和爪为深红色；鸟喙基部和鼻孔为红色；鸟喙端部为黑色。

雌鸟的面部、耳部覆羽和喉部为锈红色；羽毛其他部位为红棕色，有细密的黑色斑点；尾巴为深棕色，有黑色和浅黄色斑点；下体表相似，但是比上体表更红。

红胸角雉

英文名 | *Satyr Tragopan* 拉丁文名 | *Tragopan satyra*

红胸角雉

陆禽／鸡形目／雉科／角雉属

红胸角雉是同属鸟类中最先被人们熟知的一个物种，也是喜马拉雅山脉南部最奇妙的物种之一。它们栖息在尼泊尔、不丹和锡金地区，而它们的近亲黑头角雉的栖息地则在从西姆拉到阿富汗之间的地区。对锡金地区东部的广阔山岭地带我们还一无所知，但是我想在这些地区或许也生活着一些这样的鸟儿。

红胸角雉同属的所有鸟儿似乎都栖息在山脉上相对温和的地带，海拔在1 800~3 000米的地方。有时它们也会走到雪线以上的地区，但是它们从不会来到山岭脚下的炎热森林中。当前这一物种所能适应的气候与我国的气候相近，因此它们或许也可以被引入我国。之前的实验最初显然获得了成功，这似乎也佐证了这个结论，但是我想所有的尝试最终还是徒劳的。最初，它们和许多其他的东方鸟类一样，似乎很喜欢这一变化，可以自由地繁殖；第二年它们的状况就变得十分让人担忧；通常，第三年这些鸟儿就死去了。若是作为鸟舍中的观赏鸟，没有哪一个物种能比它们更加受人欢迎了。

事实上，在它们与我们一起生活的短暂岁月里，欣赏它们美丽的色彩无疑是极让我们愉悦的。在繁殖季节到来时，雄鸟为了吸引雌鸟的注意而炫耀自己的身姿，看起来就更加有趣了。尽管雄鸟们对自己的美貌极为自豪，但是它们很少将它们的美貌完全展示出来，从来不会让我们心满意足地欣赏一次。我们只能寻找合适的时机，一次次跑到鸟舍边等待着。

与其他的同属鸟类一样，红胸角雉的雌雄个体之间也存在着较大的差异。在获得了其他鸟类学家们的首肯后，我将他们对这一物种的论述摘录在了下面——

比万上校说："我在大吉岭居住了两年，期间有多次机会观察野生及圈养的红胸角雉的生活习性。我通常在海拔1 800~2 700米的森林覆盖的陡峭山坡上看到它们。它们一般更喜欢靠近水源的地区，但是，据我了解，它们总是在最为茂密的丛林中出没。这些地方的植被主要是橡树、木兰、冬青和其他的树木。若不是被猎狗追赶，它们一般不会飞到树上去。在听到人类的脚步声时，它们总是会第一时间跑掉，如果来得及跑掉的话。但是在锡金地区要瞄准一只栖息在这些地方的猎鸟可一点儿都不容易。在飞起来的时候，它们总是沿山坡向下飞去，速度极快，在树与树的空隙间一闪而过。在这样艰难的环境中捕猎显然不是欧洲人会做的事。那些想要它们的羽毛或者想吃它们肉的人通常会雇佣一个当地人——雷布查人或者尼泊尔人。他们在这些鸟儿栖息的地方贴近地面趴下，模仿它们的鸣叫声，将它们吸引到猎人猎枪的射程中。冬季是灌木丛最稀疏的时候，这时甚至连当地人都能捕获到它们。为了捕获它们，人们会在山岭上竖起约1米高的篱笆，形状就像三角形的两条边。在两条边的夹角间留出了缝隙，套索被安装了上去。人们站成一排，将鸟儿慢慢驱赶进这个夹角里。它们通常并不会选择飞走，而是一直冲进这个缝隙中，接着它们就被套索套住了。”

巴特利特先生说：“要通过写作或者绘画来描绘雄性红胸角雉在追求雌鸟时的美丽姿态是不太可能的事，没有语言能够精准地描绘这种美，它们头部和颈部的颤动让绘画也显得无能为力，只有亲眼看见才能感受得到。”

鉴于任何精准的语言都难以描述这一物种的美丽，我就心安理得地将插图留给我的读者们，不再做过多的描述。

插图远景中的成年雄鸟炫耀出了角和垂肉，再远处是一只雌鸟。

灰孔雀雉

英文名 | *Grey Peacock-pheasant*　　拉丁文名 | *Polyplectron bicalcaratum*

灰孔雀雉

陆禽／鸡形目／雉科／孔雀雉属

目前鸟类学家们已经确认的灰孔雀雉属鸟类有4～5种。同属所有物种的雌雄个体间差异都很大，与雄鸟相比，雌鸟的羽毛颜色更暗淡，如插图中可见。灰孔雀雉的腿上有骨距，但是骨距的数量不稳定。有时一条腿上有两个骨距，另一条则有3个。它们多栖息在印度、缅甸和不丹等地。

雄鸟的羽冠为蓝绿色，头部和颈背部有相间的不规则黑色和灰色条纹；整个上体表和翅膀为棕色，有深棕色的大小斑点；翕部、肩胛部位和翅膀覆羽的每支羽毛上有一个接近圆形、明显突起的明亮斑点，在不同的光照下或为绿色或为精致的紫色，边缘为黑色，周围的羽毛颜色较浅，形成了一个环纹；上尾部覆羽为更深的棕色，有更细密的深棕色斑点，一些羽毛端部附近的两侧有一个如上述的双椭圆形斑纹；最后一排覆羽上的这些斑点明显增大，后部为浅黄色，前部的羽毛端部有红褐色光泽；尾羽上有相似的斑点和颜色，但是这些斑点更大；主翼羽为棕色，喉部为灰色，有浅色羽轴；下体表为棕色，每支羽毛的羽轴、边缘和有斑点的侧面为浅棕色；喉部中央为浅黄色，有黑色的大小斑点；下尾部覆羽为深棕色，明亮的上部对应的下部为素淡的棕色，没有斑点；眼周似乎为浅红色；虹膜为黄色；鸟喙和爪为角质铅色。

雌鸟的整体羽毛为棕色，有浅色的斑点和边缘线条，尾部略微有斑点。

绿尾虹雉

英文名 | *Chinese Monal*　　拉丁文名 | *Lophophorus lhuysii*

绿尾虹雉

陆禽／鸡形目／雉科／虹雉属

当专治的中国封建王朝不再存在，这个伟大的国度向世界打开了大门时，自然学家们预测科学界的各个分支都即将在这片土地上获得十分有趣的发现，但是鸟类学家们怎么也没有想到会在那里发现当前这一种极为华丽的物种。我们过去都认为，也相信喜马拉雅山脉上的棕尾虹雉富丽的金属色羽毛是任何一个国家的物种都不能超越的，而且倾向于认为它是该属中的唯一物种。然而，我们错了，当前这一物种绝对称得上是与其匹敌的对手。在体型方面，绿尾虹雉要比棕尾虹雉大1/3，而它流动的羽冠颜色还要更加美丽。我们要感谢客居他乡的法国领事们和那些更加富有开拓精神的传教士们，是他们最先发现了这一物种。

正如所料，这些鸟儿的样本为收集到它们的人赢得了大笔的奖金。不列颠博物馆成为第一对绿尾虹雉的拥有者。令人遗憾的是这一对鸟儿的状况并不好。后来，在大卫神父回来的时候，艾略特先生获得了第二对这样的鸟儿，我们则在那对鸟儿身上看到了羽翼最为美丽时的绿尾虹雉。我必须要感谢慷慨的艾略特先生将这些样本借与我，这样我才能参照它们绘制图画。插图中的鸟儿仅为自然大小的2/3，而且从它们仅能稍稍窥探鸟儿原本的美妙颜色，但是我仍然希望这一插图对读者们来说是有趣的。

艾略特先生在他的著作中对这一物种的描写是我们了解的关于它们的生活习性和栖息地的全部信息，我擅自将其转录在下面：

“这一高贵的鸟儿是我们知道的第二个虹雉属物种。韦罗先生和艾伯特·若夫鲁瓦·圣希莱尔最先让鸟类学界知晓了这一物种。当时是汉口的法国领事达布里先生在‘中国西藏的山脚下、长江的江水流经的地方捕获了这一物种’。

“在突然惊起时，这一物种会展翅起飞，明亮羽毛那华丽的金属光泽在阳光中熠熠生辉，对于在场的猎人来说一定是动人心魄的美景。它们的羽冠比棕尾虹雉的羽冠还要丰满，长长的羽毛端部的紫色流光溢彩；伴随着鸟儿在阳光下的移动，这一光泽也在不停地变幻。

“雄鸟的头部和细长的羽冠为绿色，有深紫色的光泽；颈背部和背上部为金属红色；翅膀为绿色，有蓝色和紫色的光泽；主翼羽为棕色；尾部和部分尾部覆羽为白色，羽毛中央为绿色；尾羽和长覆羽为绿色，外羽片上有白色斑点；整个下体表为黑色，羽毛边缘有深绿色光泽；鸟喙为角质色；跗跖骨和爪为铅色。

“雌鸟为棕色，有斑驳的黑色杂色；尾部为白色。”

凤头鸨

英文名 | *Lesser Florican*　　拉丁文名 | *Sypheotides indica*

凤头鸨

涉禽／鸨形目／鸨科／凤头鸨属

鸨科家族的所有或者大部分物种的雄性个体都有着多么富丽的装饰啊！一些鸟儿有着细长的羽冠，另一些颈部或者耳部则有长羽毛，还有一些身体上有极为独特的色彩。我相信无论哪一种装饰都是季节性的，只有在繁殖阶段才会生长出来，因为这些美丽的装饰总是伴随着雄鸟的求爱活动出现，没有比当前这一物种的羽毛装饰更为美丽非凡的了。凤头鸨是最小的鸨科鸟类之一。这一物种还有一个奇异的特点，就是雄鸟的身量要比雌鸟小一些。这一点结合它们在繁殖期羽毛特征的差异让很多印度的旅行者和居民迷惑不解，它们甚至曾被认为是两个独立的物种，但是杰顿先生在他的著作中完美地证明了它们完全是同一个物种。

杰顿先生说："凤头鸨栖息在印度从喜马拉雅山脚下到最南端，但是我认为目前在斯里兰卡还没有发现这一物种。在印度北部和孟加拉这一物种更加罕见，但是甚至在阿拉干(缅甸一地区)都有一些凤头鸨被捕杀。雨季在印度的中部和西部地区这一物种十分丰富，而在寒冷的季节里更多的凤头鸨会栖息在印度南部，栖息在孟加拉和附近地区的凤头鸨则多于炎热的季节或雨季之初到来。4—5月份的时候我在恒河的河岸上见到了它们，也知道5—6月份的时候在布尔尼亚常有这种鸟儿被射杀。在卡那提克、迈索尔、德干高原和北沙卡尔它们则主要出现在冬季的10月份到次年的2—3月份；在印度中部和西部的最西端、古吉拉特邦、马尔瓦和印多尔以及拉吉普塔纳的最南端，它们主要出现在雨季，即6—9月份。我于炎热的季节里在萨加尔和附近地区看到了少数这样的鸟儿。这一季节里它们会离开干涸的印度南部各地，向北方迁徙，寻找适宜的栖息地和食物。

"相比于其他的环境，凤头鸨更喜欢栖身在长长的青草中。然而我们也常常会在庄稼地、棉花地和木豆田中见到它们。它们总是在清晨觅食，这时候它们也最愿意飞起来；在中午的烈日下它们则更多地贴近地面卧着，这时候要将它们惊起来并不容易，我曾经听说一只这样的凤头鸨被经过的马儿踩死了。我们时不时地也会遇到一只特别机警的鸟儿，它总是跑上很远，然后又展翅飞走。这时候要想射杀它完全是不可能的。在走动或跑动时，它会高举起尾羽，中央尾羽抬得最高，而侧面尾羽向下偏离，像普通的家禽那样。凤头鸨的主要食物是蝗虫，但是我在解剖的凤头鸨胃中发现过斑蝥、圣甲虫、蜈蚣以及蜥蜴。在突然受惊时，它们会发出一种高亢尖锐的呱呱叫，据说它们在跑动和进食时还会发出一种微弱哀怨的唧啾声。凤头鸨的肉十分细腻，味道很好，因而在印度它们也被看作是最珍贵的野味。

"南印度的所有地区似乎都有少数鸟儿在繁殖，它们的繁殖期从7月份一直持续到11月份。8月份我在德干高原上见到了巢中的雌性凤头鸨，10月份也是如此，而且我还听说直到次年1月份都还有雌鸟在孵卵。不过大部分凤头鸨在7—9月份之间在古吉拉特邦、马尔瓦和南拉吉普塔纳繁殖。我发现雄鸟在4月末就长出了黑色的羽毛。这时候我也发现我射杀的凤头鸨耳部的羽丛刚刚要长出来，但是其他的黑色羽毛还没有开始生长；而我也注意到当其他鸟儿身体上几乎被黑色的斑驳羽毛覆盖时，耳部的羽丛才开始生长。完美的婚羽要在7—8月份才完全长成。这时候雄鸟通常会占据某个高高的土丘，然后再接下来的许多天里都留在那里，几乎从不会走开。尤其在晴朗日子里的早上以及整个多云的天气里，它们会时不时地垂直升起到几米高的空中，同时发出一种奇异、低沉的哇哇叫。这声音更像是一只青蛙或蟋蟀发出来的，而不那么像鸟儿的鸣叫。接着它们又会落回地面上。雌鸟在产卵前会四处游荡，因此雄鸟的这一动作可能是要吸引雌鸟，或许也是要召唤一个同性对手。我曾看见过两只雄鸟在激烈地打斗，直到我走到离它们不足30米的地方，它们才停下来。雌鸟在厚厚的草甸上产卵。卵通常有4 ~ 5枚，为深橄榄色，有时有深色的斑块。在这段时间里雌鸟会变得十分胆小机警，极少会起飞，但是常常会跑上一大段地方。在跑不掉的时候，它们会贴近地面蹲伏着，任凭猎人或猎狗走到它们身边，在几乎被踩到时它们才会飞起来。"

彩鹳

英文名 | *Painted Stork*　　拉丁文名 | *Mycteria leucocephala*

彩鹳

涉禽／鹳形目／鹳科／鹮鹳属

彩鹳是最引人注目的一种涉禽，也是最优雅美丽的涉禽之一。在体型方面彩鹳与鹳鸟相似，大约有1米高。尽管在我们的收藏中这一物种还不算常见，但是它们早就已经为鸟类学家们熟知。在彭南特早期的作品中，他不仅描述了这一物种，而且还为它画了比较细致的插图。莱瑟姆先生、肖先生以及后来的作者也都将这一物种写进了自己的著作中。彩鹳的栖息地十分广阔，包括印度半岛上所有温和、平坦的湖泊河流地区。

为数众多的大片古老的蓄水池是印度辉煌历史的一个标志，如今(尤其在斯里兰卡)鳄鱼常常在这些地方出没，大象也在夜间到访，同样地，彩鹳也是常见的访客。彩鹳的栖息地是整个印度半岛，包括斯里兰卡、阿萨姆邦和阿拉干，除此以外我还要补充的是我的插图参照的样本就是由莫哈特先生从泰国寄往伦敦的。从我们获得的人们对这一物种的生活习性和特点的零星描写来看，我们有理由相信彩鹳是印度最有用、也是最美丽的鸟儿之一。它们每天吞掉的蜥蜴和其他的爬行动物数量惊人。

我将一些印度军官对这一物种的描写仔细地摘录如下——

杰顿先生说："彩鹳在整个印度地区都比较常见。它们栖息在河流、蓄水塘、池塘和泥沼地周围。大群小群这样的鸟儿会一起觅食。它们的食物主要是鱼类、青蛙和水生昆虫。据赛克斯先生说，它们也会吃一些植物。在炎热的天气里和雨季中，它们会在高大的树木上休息和繁殖。在正午的阳光下它们会一动不动地站在过膝深的水中，消化吞下去的早餐。据说在夜里它们会吞掉许多食物。在炎热的天气里或者繁殖期的时候，它们的肩胛部位会长出最美丽的玫瑰色羽毛。"

伯吉斯先生说："彩鹳是德干高原上的一种常见鸟类。它们栖息在河流和水渠边。我认为它们主要以鱼类为食。它们的体型极大，非常惹人注目；在繁殖季节中它们的背部和肩胛部位都长出了富丽的玫瑰色羽毛，这时候它们看起来更加迷人。这些鸟儿喜欢群居，总是成群一起觅食。它们常常会来到繁殖地附近的蓄水池中，而居住在附近的村民告诉我它们会在水中沿直线行走，一直将鱼儿赶到无路可走的地方。在距离戈达瓦里河16千米左右的另一个村庄，墙里墙外生长着许多高大的榕树。我发现大群这样的鸟儿在这里筑巢繁殖，在这些榕树上大约有50个鸟巢。墙内榕树上的鸟巢和墙外的同样密集。这些鸟儿看起来温和驯服，从来不会理会经过这里的人类发出的噪音。当我来到这个村庄时，幼鸟都已经羽翼丰满，大部分都能够飞翔了。这里的村民告诉我，在清晨很早的时候，成年鸟儿就会飞去河边，为它们的幼鸟捕捉到足够的食物，在八九点钟才飞回来，在下午的时候它们会第二次外出觅食。这些村民告诉我的一些事让我对这些鸟儿究竟会捕获多少鱼儿稍有了解。他们说亲鸟们每次都会用大量的鱼儿来喂养自己的幼鸟，我射杀过的一只幼鸟也吐出了许多小鳗鱼。彩鹳在2月份繁殖。巢穴使用小树枝营建，常常建在树冠上，有时候在一棵大树上会出现许多密集排列的彩鹳鸟巢。雌鸟会产3～4枚卵，卵为暗淡、不透明的白色。在5月份时幼鸟就已经能够飞翔。我在树下捡到过一只不慎掉下来摔断了翅膀的幼鸟，我将它带回家圈养了三四个月。这只鸟儿十分温和安静，但遇到它不喜欢的人，它也会时常将强壮的鸟喙咬得咯咯作响。在很短的时间里它就能够认识喂养它的人。一旦这个人出现，它就会向他走过去，同时发出一声哀怨的鸣叫，拍动长长的翅膀，朝他低下头，这实在是一个十分滑稽的场景。我们用新鲜的鱼儿喂养它，因为它不会动任何略微腐败的鱼儿。我喂养的另一只鸟儿却会吞掉整个拿来填料的禽类，对于食物的质量一点儿也不挑剔。一只老年鸟儿的胃中有些青草类的物质、鱼类和看起来像蟹足的东西。”

　　赛克斯先生说他解剖的三个样本的胃部被一些粉碎的纤维状植物组织塞满

了。第四只样本的胃中则有相同的植物组织和20多厘米长的半条鲤鱼。

莱瑟姆先生告诉我们这种鸟儿在恒河上十分常见，而且它们的粉红色羽毛会被一些女士拿来做装饰。

灰燕鸻

英文名 | *Small Pratincole*　　拉丁文名 | *Glareola lactea*

灰燕鸻

涉禽／鸻形目／燕鸻科／燕鸻属

燕鸻科鸟类是旧大陆独有的物种，该科鸟类的数量不算十分丰富，但是栖息地却极为广阔，欧洲、印度、澳大利亚和非洲都栖息着一些这样的鸟儿。在生活习性和特点方面，它们与燕科鸟类非常相似，在某些结构方面二者也较为相似。它们会在空中捕猎昆虫，但是与燕科鸟类不同，它们能够在地面上灵敏地跑动。它们也在地面上产卵，卵通常有4枚，有斑点。在这一点上它们与涉水禽相似。毫无疑问正是基于这一点，大部分鸟类学家才将它们划入涉水禽类。

灰燕鸻是最小的燕鸻属鸟类，也是其中最喜欢飞行的鸟类。它们在空中度过大量的时间，在溪流和沼泽地的上空追逐昆虫。它们的翅膀宽大丰满，颈部短，爪小，因此有着得天独厚的结构优势。

灰燕鸻终年栖息在印度的各个地区，因此该地区应该是这一物种的大本营。杰顿先生和其他的作者都描述过这一物种的繁殖方式，但是他们都没有说这一物种的幼鸟是否在破壳后就能在地面上灵活地走动，也没有说它们是否与树栖性的鸟儿一样很无助。这一点很关键，因为它是判断这一物种究竟属于哪一个家族分支的重要依据。

下面是杰顿先生的描述，我不揣冒昧将其摘录在下面：

“灰燕鸻栖息在这个国家的大部分地区。在大量灰燕鸻栖息的地方，在每个日落后的夜晚，人们都能看到大群这样的鸟儿飞过一片广阔的天空，在飞行中捕捉昆虫。它们完全以昆虫，尤其是甲虫为食，但我解剖的几只灰燕鸻胃中只有虎甲属的一种昆虫。

“我在上缅甸地区发现了一些正在繁殖的灰燕鸻，6月份时幼鸟刚刚学会飞翔。而米尔扎布尔的土木工程师布鲁克斯先生告诉我他在该地区的一个较大的沙洲上看见了它们的巢穴，亲鸟们卖力地试图将他的注意力从它们的巢穴上吸引开。鸟卵为暗淡的石板色，有无数的红棕色小斑点和少数暗淡的紫色斑点。”

勺嘴鹬

英文名 | *Spoon-billed Sandpiper*　　拉丁文名 | *Eurynorhynchus pygmeus*

勺嘴鹬

涉禽／鸻形目／鹬科／勺嘴鹬属

近100年来我们收集捕获的这一极为奇异的勺嘴鹬样本总数不超过24只。除了这些样本以外，只有少量的鸟儿被观察到并被确认是该物种。林奈于1764年第一次描述了这一物种，而斯温霍先生于1866年到访中国，若不是在这期间不断地有其他的样本被捕获，我们一定不知道该去哪里寻找这一物种。

林奈的样本据说是在苏里南发现的，但这种说法很有可能是错误的，因为这一物种真正的自然栖息地在旧大陆的温带地区和北极圈以内的一些地区。冬季，它们在中国和亚洲的大河河口过冬，冬季过后，它们又会从这些地方回到北方繁殖。这些鸟儿以及一些更加罕见的鹬类都会在这一地区产卵育雏。当前收藏于牛津新博物馆的一个着婚羽的样本就是在靠近北极的海洋的地方发现的。

哈丁先生针对这一物种写过一篇十分详细的报告，因此我就不再赘述，而是将这位先生有趣的文字转录如下：

“尽管这一物种习惯四处游荡，而且我们的鸟类学家们在世界的各个角落不断地调查和研究，但是这一早在一个世纪以前就被林奈描述过的鸟儿至今仍然是我们最罕见和不了解的物种。在仔细阅读过关于这一鸟类的文献资料后，我们发现那些紧跟林奈的踪迹去研究这一物种的人只是让这一错误的栖息地信息不断地误导后来的研究者，而他们本身对这一物种的生活习性也没有更多的了解，只是复述林奈的原文罢了。一些作者描述的甚至是一些其他的物种，少数准确的文字也仅仅描写了这一物种的冬羽。在很长的一段时间里这一物种的真正栖息地一直像个谜一样，甚至到今天它们准确的地理分布范围也仍然不确定。

“那些有机会观察勺嘴鹬的人说它们常常会来到河口的盐碱滩和海滨的沙地上。这时候它们会和鹬属的几个物种一起觅食。在潮水退去之后的沙地上有丰富的食物。它们的繁殖方式我们还并不了解。”

插图中分别为一只夏季时的勺嘴鹬和一只冬季换羽后的勺嘴鹬。

白胸苦恶鸟

英文名 | *White-breasted Waterhen*　　拉丁文名 | *Amaurornis phoenicurus*

白胸苦恶鸟

涉禽／鹤形目／秧鸡科／苦恶鸟属

一些白胸苦恶鸟样本在摄政公园动物学会的鸟舍中生活了一段时间，我自然不会放过这样的好机会去观察这些活样本的羽毛并且参照其中一只刚刚死去的羽翼丰满而干净的样本绘制了插图。

杰顿博士针对自己在印度观察到的这一鸟类写道："白胸苦恶鸟更喜欢离水源不远的灌木丛、灌木篱墙和茂密的丛林，也常常会在花园和村庄附近出现。当它们来到田野和花园等地方觅食，如果有人靠近，它们会高抬着尾羽匆匆地溜走。它们还能够灵敏地在茂密的灌木和芦苇丛中攀爬，要想将它们从这些地方驱赶出来并不容易。但在村庄附近出现时，它们通常十分乖顺。白胸苦恶鸟以谷物和昆虫为食，会发出大声的鸣叫。西奥博尔德在一个沼泽带中发现了它们的鸟巢。这个巢穴是用野草营建的，其中有7枚棕奶油色的卵，卵上带有红棕色的斑点和斑块。在整个印度和斯里兰卡，从缅甸到马来群岛，都栖息着一些这样的鸟儿。"

布莱斯先生说："这一物种的血被孟加拉当地人认为是一种珍贵的药物，因此在市场上这一物种的售价要比相同大小的其他鸟儿贵得多。"

厄比先生说，在奥德和库玛昂这一物种"终年都很常见，会在村庄附近的小水塘和沼泽地上出现"。

在提及他在中国见到的这一物种时，斯温霍先生说："我想这一物种是夏候鸟，在夏季，从广州到天津这一物种都比较常见"；"在厦门它们是一种罕见的春季迷鸟"，而在台湾地区，"这些鸟儿在夏季很常见，3月份在溪流边我还捕获过几只样本。但是我不确定它们是否会留在台湾地区过冬。我相信在中国南方它们是一种旅鸟。它们的卵是深深浅浅的奶白色，有斑点和斑块，有时也仅有一些猩红色和浅紫灰色的斑点"；在海南，"这一物种在各处的低洼地上都非常常见。我在琼州城里见过它们，也常常在城外的田野中见到正在觅食的这种鸟儿"。

水雉

英文名 | *Pheasant-tailed Jacana*　　拉丁文名 | *Hydrophasianus chirurgus*

水雉

涉禽 / 鸻形目 / 水雉科 / 水雉属

这一物种显然是目前已发现的最为优雅的一种水雉科鸟类，印度显然应该为拥有一种如此精致的沼泽鸟类而感到自豪。这一鸟类的整个身体结构极为精妙，身体轻盈而灵巧，极长的脚爪和爪趾能够保证它们在浮游植物、睡莲等的叶子上轻松敏捷地走动；另一方面，它们丝状或柳叶形的主翼羽末端却对于它们的飞行完全不利。因此那些有机会在野外观察这些鸟儿生活习性的人会对它们灵敏的游泳和潜水能力做细致的描写，但是提及它们的飞行能力却乏善可陈了。水雉广泛地栖息在印度地区，大部分收藏中的水雉样本都是从这个国家寄来的。据说它们也栖息在中国和菲律宾群岛。

布莱斯先生告诉我们："在一本著作中作者对这一物种的生活习性做了描写，这些鸟儿在雨季繁殖。在长满睡莲的水上，一对这样的鸟儿会用青草和野草营建一个粗糙扁平的巢穴，巢穴下部编织在某棵水生植物长长的嫩枝中，这样就能保证这个鸟巢漂浮在水面上。雌鸟在其中产下六七枚橄榄棕色的、梨形的卵。它们纤细的身形和大而细长的脚爪能够确保它们可以灵敏地踩在水面上的浮游物体上行走。水雉的食物主要包括绿色的幼嫩水稻或者其他的植物，以及各种各样的昆虫。它们的鸣声像小猫咪痛苦的喵喵叫。在飞行时它们会将双腿拖在后面，样子和鹭鸟相似。它们的肉味道鲜美。奇异的是这种鸟儿若是翅膀受了伤或者仅仅受了小伤都难以痊愈。尽管它们的爪并非蹼爪，但是在被追逐时，它们却能立即潜入水中，并且瞬间消失在水下。当然它们和许多其他的涉禽和水禽一样躲藏在水生植物中间，仅仅将鼻孔露出水面，一直等到它们认为危险过去的时候才会浮出水面。"

雌雄性水雉羽毛颜色差异较大，如插图中可见；雌鸟的身量也比雄鸟小得多。

鸳鸯

英文名 | *Mandarin Duck*　　拉丁文名 | *Aix galericulata*

鸳鸯

游禽／雁形目／鸭科／鸳鸯属

鸭科鸟类或许是在我们生活的地球上分布最为广泛的一个鸟类家族了。甚至连北极和南极地区都栖息着几种该科物种。但要论美貌，这个家族中最出色的有两个物种：一种是生活在北美洲的林鸳鸯，另一种就是当前这种栖息在中国和日本的鸳鸯。

这两种鸟儿在每年的一小段时间中无论身体结构还是羽毛颜色都极为相似，连最好的鸟类学家都需要细致入微的观察才能将它们区分开。在一年中的其他时间里，这两个物种都换上了极为不同、极为华丽的羽毛。这时候林鸳鸯和鸳鸯的美貌可以一较伯仲，而它们也都算得上整个鸟类王国中最美丽、有趣和非凡的鸟儿。但是相比之下，中国鸳鸯的美丽还要更胜一筹。这两个物种性情都十分温和，不仅喜欢栖息在地面上和水中，同样也喜欢栖坐在树上，因此它们都被认为是极好的宠物鸟。鸳鸯的自然栖息地在中国和日本，而在这里它们也被视为珍宝。对于欧洲人来说，要获得一只活的鸳鸯不仅是要付极高的价钱那么简单，中国人和日本人还十分顽固地阻止欧洲人获得这样的鸟儿，就仿佛下了出口禁令一般。尽管如此，许多对雌雄性鸳鸯还是被带到了欧洲。与莱瑟姆和其他鸟类学家们的判断相反，这一物种已经多次在伦敦动物学会的花园中和已故的德比伯爵的动物园中繁殖。荷兰的引入也取得了同样的成功。那么我们是否可以期待在动物学会的帮助下，这一物种完全可以引入到我国呢？因为尽管它们算不上很好的食物，但是在我们的湖泊和草坪上没有比它们更好的风景了。

它们的羽毛有多么的明艳美丽，它们得性情似乎就有多么的温和可爱。贝内特先生告诉我们，中国人认为它们是夫妻忠诚的象征，在他们的婚礼上常常能见到成对的鸳鸯图案。一旦配对后它们的关系直到生命的尽头才会终结，即使在被圈养时，成对的鸟儿也总是一起活动。

插图中的雌雄鸟儿是借鉴沃尔夫先生为动物学会花园中圈养的鸳鸯所画的精美素描绘制的。

黑腹燕鸥

英文名 | *Black-bellied Tern*　拉丁文名 | *Sterna acuticauda*

黑腹燕鸥

涉禽／鸻形目／鸥科／燕鸥属

这一极为优雅的燕鸥十分普遍地栖息在印度半岛，要一一列出鸟类学家们观察到它们的地方是完全没有必要的。但是值得一提的是，厄比先生在奥德和库玛昂发现这一物种的数量极为丰富，而伯吉斯上校则于3月中旬在苏科尔的河岸边沙洲上看到了许许多多这样的鸟儿。和同属的其他鸟儿一样，这一物种也常常从海上沿河流溯源而上，在那些多洪水的地区尤其如此，因为在这样的地区常常会形成一些沙洲和鹅卵石滩。

伯吉斯上校说："我在河流中央的沙洲上漫步时，一对黑腹燕鸥一直在我周围盘旋。在仔细观察了周围的地面后，我发现了一个离水边不远的潮湿沙土中的浅坑中有两枚卵。这些鸟儿在我的头上盘旋时会发出一种与麻雀的叽叽喳喳声十分相似的叫声。它们在3—4月份繁殖，会产下两枚深石板色的卵。卵中央一周有密集的斑点，大的一端有稀疏的斑点，这些斑点为灰色和浅棕色。"

杰顿先生说："在印度的河流上常常可以看到1只或几只零零散散的鸟儿在觅食。它们在全国各地的河流沙洲上产卵育雏，卵通常有3枚。"

据我所知黑腹燕鸥是唯一一种腹部为黑色的燕鸥，这一部分与身体其他部分素雅的颜色形成了美丽的对比。在飞行时这样的颜色搭配让这一鸟儿尤为引人注目。我认为这一标志是雌雄鸟儿共有的。

黑腹燕鸥的头冠部和颈背部为深黑色；上体表、翅膀和尾巴为浅灰色；主翼羽和尾羽的羽轴为白色；上颌基部的斑纹、颔部和喉部为白色；胸脯部位为珍珠白，逐渐与腹部和下尾部覆羽的黑色羽毛融合；鸟喙为橙色；虹膜为棕色；腿和爪为朱砂红。

杰顿先生说："在冬季，头部的白色羽毛中有暗灰色杂色，腹部为珍珠灰而不是黑色。"

插图中的鸟儿披夏季婚羽。

图书在版编目（CIP）数据

亚洲鸟类 /（英）约翰・古尔德著；宋龙艺译 .—
北京：北京理工大学出版社，2023.4
（世界鸟类百科图鉴）

ISBN 978-7-5763-2124-1

Ⅰ．①亚… Ⅱ．①约… ②宋… Ⅲ．①鸟类－亚洲－
图谱 Ⅳ．① Q959.708-64

中国国家版本馆 CIP 数据核字（2023）第 032958 号

出版发行 / 北京理工大学出版社有限责任公司
社　　址 / 北京市海淀区中关村南大街 5 号
邮　　编 / 100081
电　　话 /（010）68914775（总编室）
（010）82562903（教材售后服务热线）
（010）68944723（其他图书服务热线）
网　　址 / http：// www. bitpress. com. cn
经　　销 / 全国各地新华书店
印　　刷 / 唐山富达印务有限公司
开　　本 / 710 毫米 ×1000 毫米　1/16
印　　张 / 111
字　　数 / 1337 千字
版　　次 / 2023 年 4 月第 1 版　2023 年 4 月第 1 次印刷
定　　价 / 298.00 元（全 5 册）

责任编辑 / 朱　喜
文案编辑 / 朱　喜
责任校对 / 刘亚男
责任印制 / 李志强